U0818174

国家电网有限公司
STATE GRID
CORPORATION OF CHINA

国家电网有限公司
技能人员专业培训教材

牵张机操作

国家电网有限公司　组编

中国电力出版社
CHINA ELECTRIC POWER PRESS

图书在版编目（CIP）数据

牵张机操作 / 国家电网有限公司组编. —北京：中国电力出版社，2020.11
国家电网有限公司技能人员专业培训教材
ISBN 978-7-5198-4426-4

Ⅰ. ①牵… Ⅱ. ①国… Ⅲ. ①架线施工–机械设备–技术培训–教材 Ⅳ. ①TM752

中国版本图书馆 CIP 数据核字（2020）第 041077 号

出版发行：中国电力出版社
地　　址：北京市东城区北京站西街 19 号（邮政编码 100005）
网　　址：http://www.cepp.sgcc.com.cn
责任编辑：未翠霞（010-63412611）
责任校对：黄　蓓　马　宁
装帧设计：郝晓燕　赵姗姗
责任印制：杨晓东

印　　刷：三河市百盛印装有限公司
版　　次：2020 年 11 月第一版
印　　次：2020 年 11 月北京第一次印刷
开　　本：710 毫米×980 毫米　16 开本
印　　张：9.25
字　　数：176 千字
印　　数：0001—2000 册
定　　价：28.00 元

本书编委会

主　　任　吕春泉

委　　员　董双武　张　龙　杨　勇　张凡华

王晓希　孙晓雯　李振凯

编写人员　管纪俊　刘国伟　金　晨　霍传德

孙学兵　刘　强　曹爱民　战　杰

郭方正　熊　燕　李　磊

前　言

为贯彻落实国家终身职业技能培训要求，全面加强国家电网有限公司新时代高技能人才队伍建设工作，有效提升技能人员岗位能力培训工作的针对性、有效性和规范性，加快建设一支纪律严明、素质优良、技艺精湛的高技能人才队伍，为建设具有中国特色国际领先的能源互联网企业提供强有力人才支撑，国家电网有限公司人力资源部组织公司系统技术技能专家，在《国家电网公司生产技能人员职业能力培训专用教材》（2010 年版）基础上，结合新理论、新技术、新方法、新设备，采用模块化结构，修编完成覆盖输电、变电、配电、营销、调度等 50 余个专业的培训教材。

本套专业培训教材是以各岗位小类的岗位能力培训规范为指导，以国家、行业及公司发布的法律法规、规章制度、规程规范、技术标准等为依据，以岗位能力提升、贴近工作实际为目的，以模块化教材为特点，语言简练、通俗易懂，专业术语完整准确，适用于培训教学、员工自学、资源开发等，也可作为相关大专院校教学参考书。

本书为《牵张机操作》分册，由管纪俊、刘国伟、金晨、霍传德、孙学兵、刘强、曹爱民、战杰、郭方正、熊燕、李磊编写。在出版过程中，参与编写和审定的专家们以高度的责任感和严谨的作风，几易其稿，多次修订才最终定稿。在本套培训教材即将出版之际，谨向所有参与和支持本书籍出版的专家表示衷心的感谢！

由于编写人员水平有限，书中难免有错误和不足之处，敬请广大读者批评指正。

目　录

前言

第一部分　牵张机操作基础

第一章　牵张设备吊装和运输 ……2
　模块 1　牵张设备常用吊装工具（Z48D1001 Ⅰ） ……2
　模块 2　牵张设备的吊装、捆绑及保护（Z48D1002 Ⅰ） ……15
　模块 3　牵张设备的运输（Z48D1003 Ⅰ） ……20
第二章　牵张设备常规维护和保养 ……24
　模块 1　牵张设备清洗和整机检查（Z48D2001 Ⅰ） ……24
　模块 2　牵张设备用油（脂）的添加和更换（Z48D2002 Ⅰ） ……27
　模块 3　牵张设备滤芯的更换（Z48D2003 Ⅰ） ……37
　模块 4　蓄电池的维护和使用（Z48D2004 Ⅰ） ……42
　模块 5　连接件的紧固和配合副的调整（Z48D2005 Ⅱ） ……44
第三章　牵张设备常见故障排除 ……51
　模块 1　牵张设备易损件更换（Z48D3001 Ⅱ） ……51
　模块 2　牵张设备总成件的更换与维修（Z48D3002 Ⅱ） ……56
　模块 3　牵引机常见故障判断及处理（Z48D3003 Ⅲ） ……59
　模块 4　张力机常见故障判断及处理（Z48D3004 Ⅲ） ……64

第二部分　牵张机操作实务

第四章　牵张设备布置 ……72
　模块 1　牵张设备辅助机具的安装（Z48E1001 Ⅰ） ……72
　模块 2　牵张设备穿线（Z48E1002 Ⅰ） ……78
　模块 3　牵张设备的选用（Z48E1003 Ⅱ） ……81
　模块 4　牵张场地选择和平面布置（Z48E1004 Ⅲ） ……91
第五章　牵张设备锚固 ……101
　模块 1　牵张设备锚固及工具（Z48E2001 Ⅰ） ……101

模块 2　锚固的强度计算及安全检验（Z48E2002Ⅲ）……108
第六章　牵张设备性能检查……112
模块 1　牵张设备作业前性能检查（Z48E3001Ⅰ）……112
模块 2　牵张设备性能鉴定（Z48E3002Ⅱ）……114
第七章　牵引机操作……121
模块 1　牵引机作业前操作（Z48E4001Ⅰ）……121
模块 2　牵引机作业操作（Z48E4002Ⅰ）……127
第八章　张力机操作……130
模块 1　张力机作业前操作（Z48E5001Ⅰ）……130
模块 2　张力机作业操作（Z48E5002Ⅰ）……135
参考文献……139

第一部分

牵张机操作基础

第一章

牵张设备吊装和运输

模块 1　牵张设备常用吊装工具（Z48D1001 Ⅰ）

【模块描述】本模块介绍牵张设备常用吊装工具。通过要点讲解和结构分析，使操作人员了解吊带、钢丝绳、U 型环、起重夹钳、平衡梁、手拉葫芦等常用吊装工具的类型和用途，熟悉其使用方法和注意事项。

【模块内容】

一、吊带

吊带，又称吊装带、合成纤维吊带，是以聚酰胺、聚酯或聚丙烯长丝为原料制成的绳带作为挠性件，配以端部件构成的一种吊索。它比同类金属绳、链制成的吊索相对轻便，更柔软，并减少了吊索对人身的反向碰撞伤害；同时在使用过程中有减震、不导电、对吊装件表面无磨损、在易燃易爆环境中无火花等特点，是近年来推广使用的产品。

1. 吊带常见结构形式

根据吊带结构可分为单吊带、复式吊带和多层吊带。三者的区别在于并列吊带的数量，两条以上称为复式吊带；多层吊带是以两层以上相同带子重叠缝制成一体的吊带。根据吊带形状可分为圆形吊带和扁平吊带。根据不同吊装环境要求，吊带可分为普通型、防火型、荧光型、高强型、拒油防水型等种类。几种常见类型的吊带如图 1–1–1 所示。

(a)　　(b)　　(c)

图 1–1–1　几种常见类型的吊带

（a）扁平吊带；（b）圆形吊带；（c）防火型吊带

吊带端部回叠缝制环（相当于钢丝绳索扣）称为软环，宽度小一些的吊带软环，可直接与吊钩等取物装置吊挂使用，或同其他吊索一样配上末端件使用。

目前，吊带多采用优质聚酯工业长丝为原料，其结构是由平行排列的环绕丝束组成承载环套（承载芯），配以特制的耐磨套管。套管不承重，只对平绕丝束起保护作用，使吊带具有更长的使用寿命。吊带上的标签颜色代表着吊带使用的材料，绿色为聚酰胺，蓝色为聚酯，棕色为聚丙烯。制作吊带的安全系数通常不小于 6。

2. 吊带的选用

吊带应由专业厂生产制造，在产品上标记有极限工作载荷，根据极限工作载荷和吊挂方式系数可得到吊带的最大安全工作载荷。产品技术参数表中均给出了吊带的极限工作载荷和规定角度内允许的最大安全工作载荷，可直接选取某一型号吊带。

3. 吊带的使用安全注意事项

（1）不允许超负荷使用吊带，如同时使用几支时，应尽可能使负荷均布在几支吊带上。

（2）不允许将软环同任何可能对其造成损坏的装置连接起来，软环连接的吊挂装置应是平滑、无任何尖锐的边缘，其尺寸和形状不应撕开吊带缝合处。

（3）在移动吊带和货物时，不要拖拽。

（4）不要使吊带打结、打拧，不允许吊带悬挂货物时间过长。

（5）不允许使用没有护套的吊带承载有尖角、棱边的货物。

（6）当货物停留在吊带上时，不得将吊带从承载状态下抽出来。

（7）如果在高温场合或吊运化学物质等非正常环境下使用吊带，应按照制造商的指导、建议进行使用。

（8）吊带弄脏或在有酸、碱倾向的环境中使用后，应立即用凉水冲洗干净。

（9）吊带应在避光和无紫外线辐射的条件下存放，不应把吊带存放在明火旁或其他热源附近。

4. 吊带的报废标准

吊带在使用过程中，有下列情况之一时，应予以报废：

（1）织带（含保护套）严重磨损、穿孔、切口、撕断。

（2）承载接缝绽开、缝线磨断。

（3）吊带纤维软化、老化、弹性变小、强度减弱。

（4）纤维表面粗糙易于剥落。

（5）吊带出现死结。

（6）吊带表面有过多的点状疏松、腐蚀、酸碱烧损以及热熔化或烧焦。

（7）带有红色警戒线吊带的警戒线裸露。

因吊带是以聚酰胺、聚酯或聚丙烯长丝为原料制成，容易受外界各种环境因素（如紫外线辐射、高温等）影响，而发生纤维软化、老化等特征，因此建议根据工作环境条件，规定吊带使用强制报废年限。

二、钢丝绳

钢丝绳是起重、牵引、绑扎、运输等工作中不可缺少的索具，尤其在电力线路施工中，钢丝绳的用途比较大。合理选择和正确使用钢丝绳，是保证安全施工的重要环节。

钢丝绳具有强度高、柔性好、安全可靠性高、破断前有断丝的预兆等优点，故在施工中用量较多。

1. 钢丝绳类型

（1）按股数多少分为单股钢丝绳和多股钢丝绳。单股钢丝绳刚性较大，不易挠曲，多股钢丝绳挠性较好。钢丝绳每股绳内丝数越多，钢丝直径越细，钢丝绳的挠性也就越好，但越容易磨损；反之，钢丝直径越粗，钢丝绳的挠性越差，但越耐磨损。起重作业中常用六股钢丝绳。

（2）按钢丝绳芯不同分为麻芯钢丝绳、石棉芯钢丝绳和钢丝芯钢丝绳三种，各有优缺点。用油浸的麻或棉纱做绳芯的钢丝绳比较柔软，容易弯曲，同时绳芯中含油量较多，可以润滑钢丝，但不能在较高的温度下工作或受重压；用石棉芯的钢丝绳可在较高温度下工作，但不能承受重压；钢丝芯的钢丝绳可耐重压并可在高温下工作，但是钢丝绳太硬，不易弯曲。起重作业中的钢丝绳大都是麻芯的。

（3）按捻制方向不同分为左同向捻、右同向捻、左交互捻、右交互捻、混合捻钢丝绳等几种，如图 1–1–2 所示。钢丝绳中，钢丝捻制方向和钢丝绳绳股捻制方向相同的称为同向捻，钢丝捻制方向和钢丝绳绳股捻制方向相反的称为交互捻。同向捻的钢丝绳，表面较平整，也较柔软，具有良好的抗弯曲性能，缺点是断头绳股易于松散，悬吊重物时容易旋转扭结，故在吊装中不宜采用。交互捻钢丝绳耐用程度相对较差，但使用方便。在起重作业中，多选用交互捻的钢丝绳。

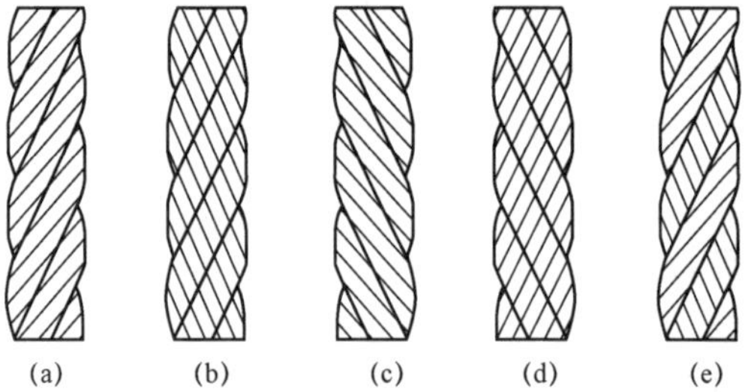

图 1–1–2 钢丝绳的捻制方向

（a）右同向捻；（b）右交互捻；（c）左同向捻；（d）左交互捻；（e）混合捻

（4）按钢丝绳的断面结构分为普通型、复合型和闭合型三种，如图 1–1–3（a）、（b）、（c）所示。

普通型钢丝绳是由直径相同的钢丝所制成，通常是由 6 个钢丝绳股围绕一根绳芯捻制而成，其相邻各层钢丝的节距不相等，形成点接触，使用寿命较短，但其制造成本低，挠性较好。

复合型钢丝绳是由不同直径的钢丝捻制而成的，通过粗细钢丝的适当配置，使每层钢丝的节距相同，钢丝之间形成线接触。其优点是绳股断面排列紧凑，钢丝之间接触良好，有抵抗潮湿及防止有害物侵入内部的能力，外层钢丝粗，耐磨性能好，使用寿命长，内部的细钢丝能增加其挠性，强度高于普通型钢丝绳。

闭合型钢丝绳是由外层异形钢丝，内包一束等径钢丝，采用特殊方法捻制成的。闭合型钢丝绳结构紧密、强度高、表面光滑、耐磨性好、内芯钢丝不受磨损，但不易弯曲、柔性不好。因此，这种钢丝除了在缆索起重机与架空索道上做支承绳外，一般很少使用。

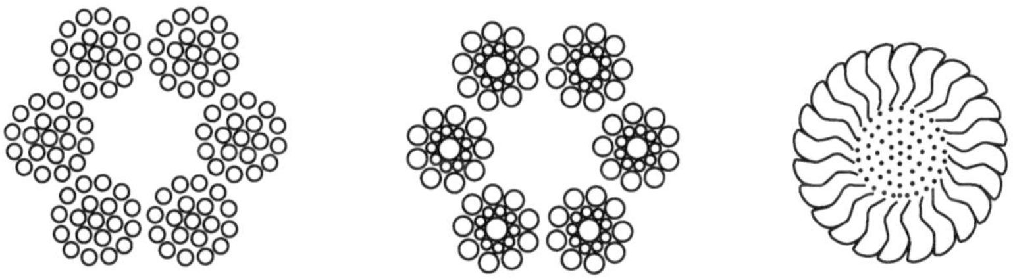

(a) (b) (c)

图 1–1–3 钢丝绳的结构形式

（a）普通型；（b）复合型；（c）闭合型

2. 钢丝绳的技术规范

国产标准钢丝绳中，常用的一般为直径 6.2～83mm，所用的钢丝直径为 0.3～3mm，钢丝的抗拉强度分别为 1400MPa、1550MPa、1700MPa、1850MPa、2000MPa 等五个等级。

在起重和运输工作中，绳股常用的是 19 丝、37 丝和 61 丝，每一绳股中的钢丝排列规律为：绳股中心是 1 根钢丝，第一层包上 6 根钢丝，以后每层的钢丝数量均比里层多 6 根。因此，19 丝绳股的钢丝排列规律为 1+6+12，37 丝绳股的钢丝排列规律 1+6+12+18，61 丝绳股的钢丝排列规律为 1+6+12+18+24。

3. 钢丝绳的选用

（1）最小破断拉力估算。承受荷重的钢丝绳，其最小破断拉力一般根据钢丝绳规格通过查表得出。如果没有任何资料可查，可以利用经验公式估算钢丝绳的破断拉力：

$$F_0=Kd^2 \quad (1\text{-}1\text{-}1)$$

式中 F_0——钢丝绳最小破断拉力，kN；

d——钢丝绳公称直径，mm；

K——某一强度等级最小破断拉力系数，对应于钢丝绳公称抗拉强度为1470MPa、1570MPa、1670MPa、1770MPa、1870MPa的K值分别为0.43、0.46、0.49、0.52、0.55。

（2）钢丝绳许用拉力计算。钢丝绳在使用中，由于条件不同，其能够承受的载荷也发生很大变化。因此，必须对钢丝绳进行许用拉力计算。

$$P=F_0/K \quad (1\text{-}1\text{-}2)$$

式中 P——钢丝绳许用拉力，kN；

F_0——钢丝绳最小破断拉力，kN；

K——使用安全系数，按《国家电网公司电力安全工作规程（线路部分）》（2013年11月版）相关规定，安全系数不得小于表1-1-1的规定。

表1-1-1 钢丝绳使用安全系数表

使用场合	缆风绳及拖拉绳	手动起重设备跑绳	机动起重设备跑绳
安全系数K	3.5	4.5	5～6
使用场合	做吊绳有挠曲	做吊绳无挠曲	地锚绳
安全系数K	6～8	5～7	5～6
使用场合	捆绑绳	用于载人的升降机	
安全系数K	10	14	

【例1-1-1】 有一6×37+FC公称抗拉强度为1570MPa、直径为28mm的钢丝绳，用于捆绑吊索，需要承受的载荷为40kN。估算其破断拉力，并与钢丝绳性能表破断拉力比较，是否安全?

解： 估算破断拉力为$F_0=0.46d^2=0.46\times28\times28\text{kN}=360.64\text{kN}$

查表破断拉力为$F_0=363\text{kN}$

两者比较，可以看出，经验公式计算值偏小，因此在施工中可以应用。

许用拉力$P=F_0/K=363\text{kN}/8=45.4\text{kN}>40\text{kN}$，因此安全。

4. 钢丝绳的报废标准

钢丝绳在使用过程中的受力情况比较复杂，除受拉力外，还受到挤压、弯曲、摩擦和扭转等力的作用，使用一定时间后，就要降低负荷使用或完全报废。钢丝绳的报废标准由下列项目判断：

（1）钢丝绳一个节距（见图 1–1–4）内断丝的数量。钢丝绳在一个节距内可见断丝总数超过表 1–1–2 规定的数值时，应报废。

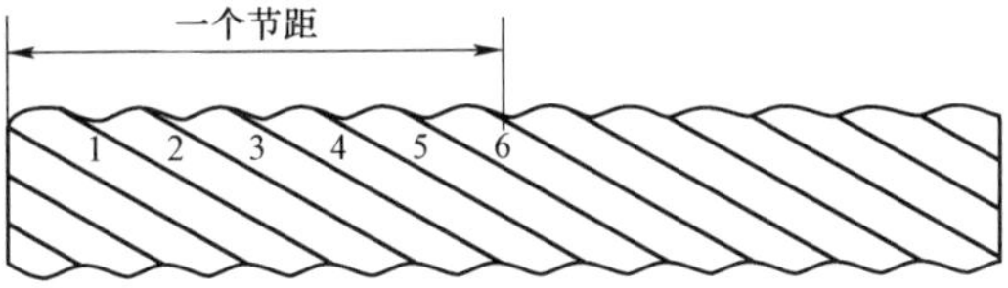

图 1–1–4　六股钢丝绳一个节距示意图

表 1–1–2　　钢丝绳一个节距内断丝数报废标准

最初的安全系数	钢丝绳结构							
	6×19=114+1		6×37=222+1		6×61=366+1		18×19=342+1	
	逆捻	顺捻	逆捻	顺捻	逆捻	顺捻	逆捻	顺捻
小于 6	12	6	22	11	36	18	36	18
6～7	14	7	26	13	38	19	38	19
大于 7	16	8	30	15	40	20	40	20

（2）整股破断和在一个节距上磨损或锈蚀达到直径的 40%及以上者不能使用，如果不超过 40%者，则应降级使用。

（3）本身遭受严重火烧或电烧。

（4）压扁严重变形，麻芯已外露者。

（5）毛刺严重或锈蚀后断丝增加很快者。

三、U 型环

U 型环（简称卸扣）主要用于钢丝绳之间的连接和固定，钢丝绳与滑车及各种物件之间的连接和固定。它是送电线路施工中使用最广泛的连接工具。U 型环种类很多，都是由弯环和横销两个主要构件组成，如图 1–1–5 所示。

1. U 型环的种类

按 U 型环的开口形状分，有直形 U 型环和环形 U 型环两种。按横销与弯环的连接方式分，有螺丝销和光直销两种。在螺丝销中有销子直接拧在有螺纹的弯环销孔中，也有销孔中无螺纹，在销子上另加一个螺帽固定的；而光销是利用开口销固定的。

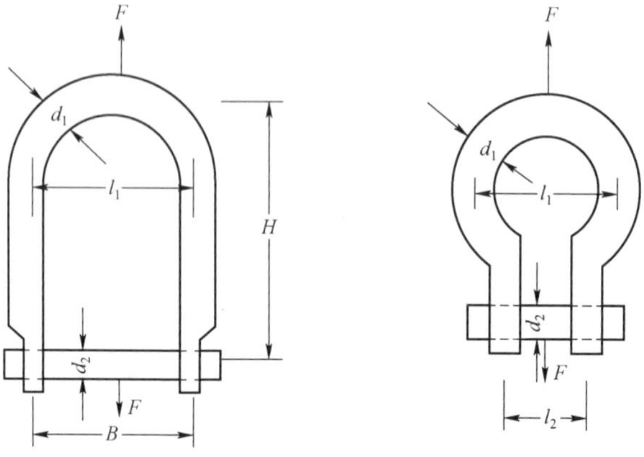

(a) (b)

图 1–1–5 U 型环结构

（a）弯环 U 形环；（b）横销 U 型环

U 型环一般都是锻造的，不能用铸造的方法制造。锻造 U 型环的材料，常用 20 号优质碳素钢（平炉钢），在锻造后必须经正确的退火处理，以消除其残存的内应力，增加其韧性。

2. 直形 U 型环的技术规格

常用直形 U 型环的技术规格参数见表 1–1–3。

表 1–1–3　　常用直形 U 型环的技术规格参数　　（mm）

简　图	起重量/t	*A*	*B*	*C*	*D*	*d*	d_1	*M*	*R*	*H*	*l*
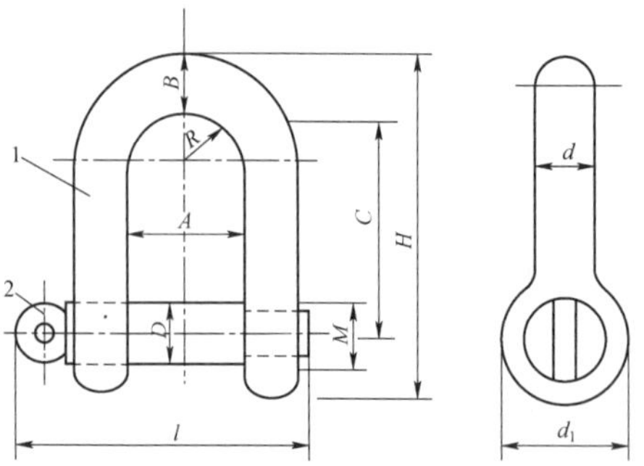 1—弯环，20 号钢 2—吊轴，40 号钢 注：产品出厂前均按本表额定能力 1.5 倍进行拉力试验	1	28	14	68	20	14	40	18	14	102	79
	2	36	18	90	25	20	48	22	18	132	103
	3	44	24	107	33	24	65	30	22	164	128
	4	56	28	118	37	28	72	33	25	182	145
	5	64	32	138	40	32	80	36	25	210	150
	8	72	36	149	43	36	80	38	25	225	154
	10	50	38	148	45	38	84	42	25	228	174
	15	60	46	178	54	46	100	52	30	274	214
	20	70	52	205	62	52	114	60	35	314	246
	25	80	60	230	70	60	130	68	40	355	245
	30	90	65	258	78	65	144	76	45	395	270
	35	100	70	280	85	70	156	80	50	428	295
	40	110	76	300	90	76	166	85	55	459	320
	45	120	82	320	96	82	178	95	60	491	346
	50	130	88	343	104	88	192	100	65	527	371

3. U 型环使用注意事项

（1）使用前，检查卸扣外观。检查卸扣表面是否光滑，不应有毛刺、裂纹、夹层、永久变形等缺陷，再检查丝扣有无损坏。

（2）根据受力大小和钢丝绳规格，选用不同规格的 U 型环，不得超载使用。目前使用的 U 型环有两种：一是普通直形 U 型环，一是铝合金钢 U 型环。铝合金钢 U 型环表面标有允许负荷，选用比较方便；而普通 U 型环的选用，在现场难以查找特性表时，可按经验式（1–1–3）估算：

$$[P]=60d_1^2 \tag{1–1–3}$$

式中 $[P]$——允许负荷，N；

d_1——U 型环的直径，mm。

（3）使用卸扣时，必须注意卸扣的受力方向，不能让弯环承受横向拉力。卸扣吊重时悬挂的受力支承处在卸扣的环弯上和与之对称的横销上。不能悬挂在环弯的两侧，否则会使卸扣变形损坏，发生事故，如图 1–1–6 所示。

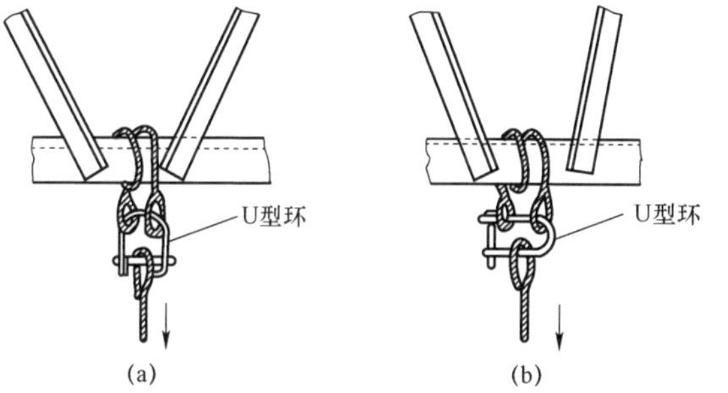

图 1–1–6 U 型环使用方法

（a）正确；（b）不正确

（4）使用时，应拧紧螺母或销轴的螺纹。

（5）不允许将拆除的卸扣由高处扔下，以防伤人和损坏卸扣。

（6）不得用补焊的方法修补卸扣的缺陷。

（7）利用钢丝绳捆绑松散物件，如毛竹、木材、钢管等，要注意其安装方向，应使受力绳在 U 型环弯环内，不得在销钉上，如图 1–1–7 所示，以防钢丝绳窜动时将销钉拧出。

（8）在高空使用 U 型环时，应考虑销钉的安装方向，使拆卸方便，以防突然拔出落下伤人。

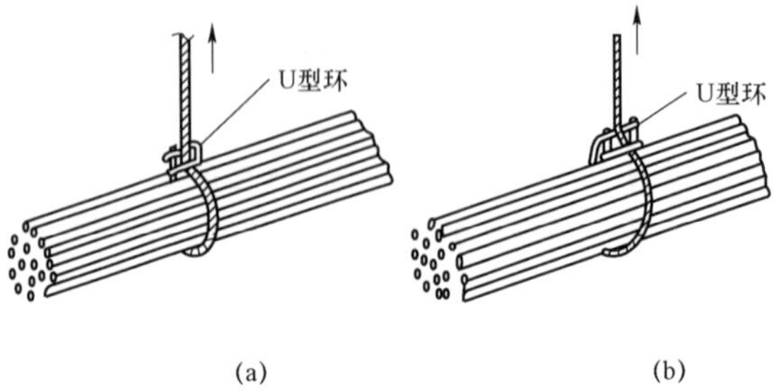

图 1–1–7 用钢丝绳捆绑松散物件的方法

（a）正确；（b）不正确

四、起重夹钳

起重夹钳的种类很多，特别是冶金行业使用更加普遍。起重夹钳专用性较强，一般用来吊运定型成品物件，它主要是靠夹持器具的钳口与被夹持物品之间的摩擦力来实现吊运物品的。按照产生夹紧力的方式不同，可分为杠杆夹钳和偏夹钳两类。

起重夹钳的主体一般采用优质低碳钢和低碳优质合金钢锻造，有较高的强度与韧性。钳口、钳舌均加有耐磨材料并加工有防滑纹槽，以防止过快的磨损和工作中被吊物的滑脱。下面着重介绍使用较为广泛的钢板起重夹钳。

1. 钢板起重夹钳的种类

钢板有锐利的边角，如与钢丝绳吊索直接接触，会严重地损坏钢丝绳，甚至会割断钢丝绳，即使是采取了衬垫保护措施，工作起来也会很不方便。因此在钢板吊运场合多采用各种类型钢板起重夹钳来完成吊装作业。

根据钢板的长宽尺寸、叠层情况，采用不同的起重夹钳，可使工作安全、方便、快捷。以下介绍常用的水平吊装钢板起重夹钳的结构形式和使用方法。

（1）DHQ 型钢板起重夹钳。DHQ 型钢板起重夹钳是用于钢板水平吊运的典型产品，其特点是在吊运过程中 U 型钳口和钳舌始终对钢板有夹持力，防止柔性的钢板在吊运中滑脱。不同型号的钢板起重夹钳有不同尺寸的钳口和不同的额定起重量，以适合不同使用条件。DHQ 型钢板起重夹钳形式如图 1–1–8 所示。

DHQ 型钢板起重夹钳的额定起重量适用于两种使用方式：一种是使用平衡梁时，两组夹钳与横吊梁垂直，单组夹钳之间夹角不超过 90°；另一种是不使用平衡梁，两组夹钳之间夹角不应超过 45°，单组夹钳之间夹角不超过 60°，如图 1–1–9 所示。钢板起重夹钳的额定起重量是以一对夹钳给出的，使用时应采用两对起重夹钳，以实际载荷除以 2 不超过夹钳额定起重量即满足安全要求。

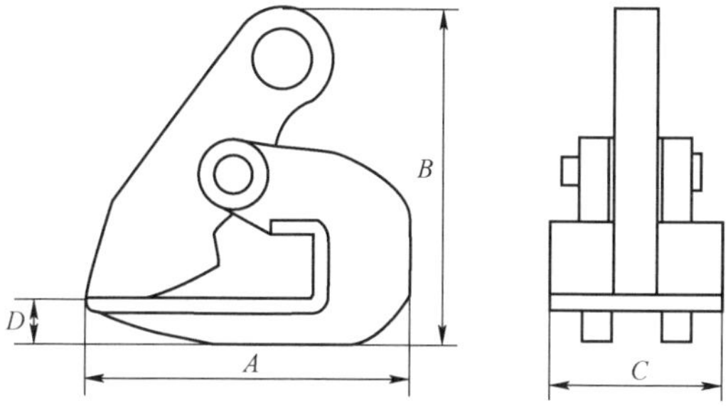

图 1-1-8　DHQ 型钢板起重夹钳

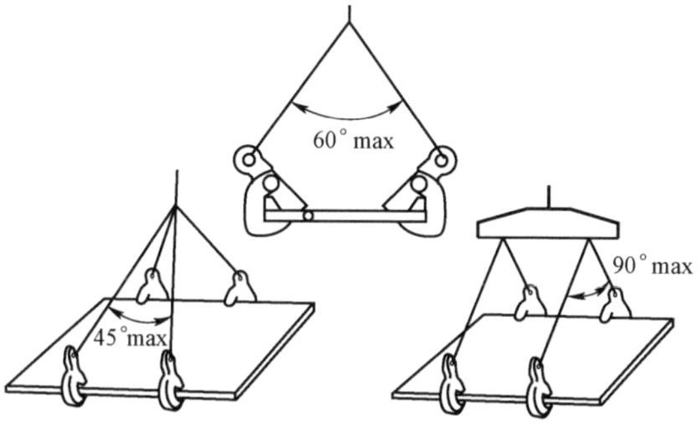

图 1-1-9　DHQ 型钢板起重夹钳吊装示意图

（2）DCQ 型层叠钢板起重夹钳。DCQ 型层叠钢板起重夹钳主要用于多层钢板和厚钢板的水平吊运。该吊具的特点是在吊索上设有一对可自由移动的钳体，它不但适应不同宽度、尺寸的钢板，而且可借助钢板重力产生的一个水平分力，使形状呈锐角的钳口很容易插入钢板叠层缝隙之间，节省和减轻了层叠堆放钢板起吊和放置时的撬垫工序和劳动强度（放置时由于钳口的斜角和钢板挤压力可使钳体自动脱钩）。DCQ 型层叠钢板起重夹钳未设钳舌，对钢板无夹持力，因此要求必须与平衡梁配套使用，每套四只钢板夹钳，平衡梁两端吊点的有效长度不应小于钢板长度的 1/3，以保证吊运时钢板的稳定性。DCQ 型层叠钢板起重夹钳吊装方式如图 1-1-10 所示。

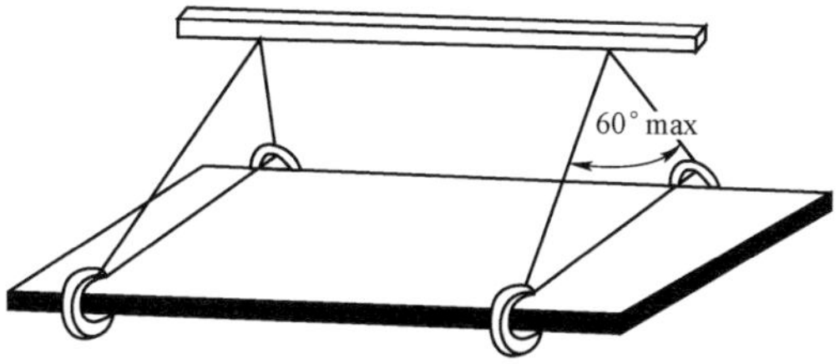

图 1-1-10　DCQ 型层叠钢板起重夹钳吊装方式

2. 钢板起重夹钳使用注意事项

（1）吊运过程中不得与其他物体碰撞。

（2）除竖吊钢板起重夹钳外，不得单边起吊钢板，钢板厚度应在起重夹钳吊装厚度范围内。

（3）无论何种起重夹钳，必须按说明、操作规程夹装到位，避免一侧装夹不牢起吊时弹出伤人。

（4）钢板起重夹钳应按其功能使用，禁止移作他用。

3. 钢板起重夹钳更换与报废

出现下列情况之一时，钢板起重夹钳主要受力构件应更换或报废：

（1）出现裂纹。

（2）受力构件断面磨损、腐蚀达原尺寸的10%。

（3）钳体开口度比原尺寸增加10%。

五、平衡梁

1. 张力放线施工中常用的平衡梁

在张力放线施工场地起重吊运作业中，常会遇到一些大型设备和长构件，这些设备和构件在吊装过程中既要保持平衡，又要不被起重吊索擦伤，并要在起重吊运过程中使其变形最小，如牵引机、张力机、导线盘等。为了达到上述要求，在起重作业中多采用平衡梁进行起吊。平衡梁也称横吊梁、吊梁和铁扁担，主要有支承吊梁和扁担吊梁两种。

支承吊梁的主要作用是增加起重机提升的有效高度，扩大吊装范围，改变吊索的受力方向，避免物体受过大的水平压力，如图1–1–11所示。

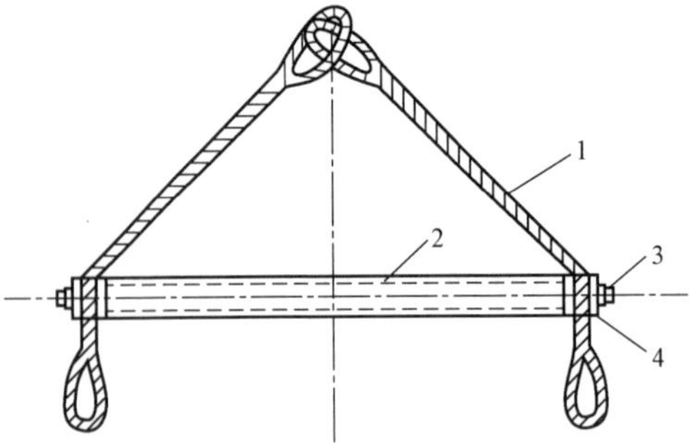

图1–1–11 支承吊梁

1—吊索；2—支承扁担；3—螺帽；4—压板

扁担吊梁与支承吊梁不同，如图1–1–12所示。主要用于机械设备的抬吊及起吊屋架、桥架、拱圈等细长而结构单薄的构件；另外，扁担吊梁利用杠杆原理，可以加大起重机的吊装范围。特别在受起吊高度限制时，如采用扁担吊梁，可缩短吊索长度，满足高度要求。

2. 平衡梁制造、使用中应注意的问题

（1）吊梁设计制造的安全系数不应小于额定起重量的4倍，其上的吊钩、索具等应对称分布、长短相等、连接可靠，新制造吊梁应用1.5倍的额定载荷试验，验证后方可投入使用。

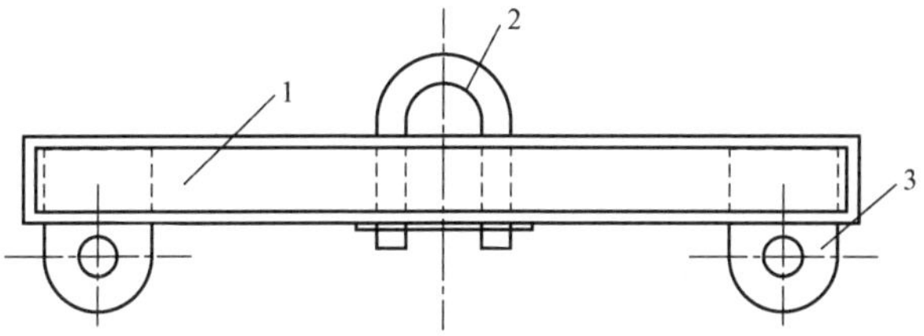

图 1–1–12　扁担吊梁

1—横梁；2、3—吊环

（2）使用前，应检查吊梁及起重机吊钩与吊索连接处是否正常。

（3）要保持吊索与吊梁水平夹角不能过小，以避免水平分力过大使吊梁发生变形，此夹角一般应为 45°～60°。若夹角过小，可用卸扣将在起重机吊钩上的两绳圈固定在一起，防止其脱钩。

（4）当吊梁产生裂纹、永久变形、磨损、腐蚀严重时，应立即报废。

六、手拉葫芦

1. 手拉葫芦简介

（1）手拉葫芦特性及用途。手拉葫芦（又名手拉链条葫芦）是一种使用简便，适用于小型设备和重物的短距离吊装，起重量一般不超过 5t 的手动起重工具。它具有结构紧凑，手拉力小，使用稳当，较其他机械起重工具容易掌握等特点。由于它的调节距离长，承载能力大，基本上可取代双钩的作用。

目前在送电线路施工中，除吊装重物外，还用于大截面拉线安装、地面锚线、附件安装、座地摇臂抱杆平衡调节等。由于手拉葫芦操作上比较可靠，不跑链，所以在高空作业中多采用。但它的缺点是操作时间长，不能随时快速松钩。

使用时将手拉葫芦顶端的挂钩固定好，底端挂钩加上载荷后，用手慢慢拉动手链，重物即慢慢移动。送电线路施工常用的手拉葫芦有 SH、WA、SBL 及 612 型手拉葫芦，如图 1–1–13 所示。

（2）常用手拉葫芦主要技术参数。常用手拉葫芦主要技术参数见表 1–1–4。

表 1–1–4　　常用手拉葫芦主要技术参数

型号	允许载重/t	提升高度/m	钩间最小距离/mm	手链拉力/N	尺寸/mm				质量/kg
					A	*B*	*C*	*D*	
SH1/2	0.5	2.5	250	186.3～215.8	180	126	18～22	155	16
SH1	1	2.5	430	205.9	180	126	25	150	16
SH2	2	3.0	550	313.8～353.1	198～234	152	33	200	32

续表

型号	允许载重/t	提升高度/m	钩间最小距离/mm	手链拉力/N	尺寸/mm				质量/kg
					A	*B*	*C*	*D*	
SH3	3	3.0	610	333.4～353.1	267	167	40	235	46
SH5	5	3.0	840	362.9	326	167	50	295	73
WA1	1	2.5	270	304.0	142	120	28	142	10
WA2	2	2.5	380	313.8	142	120	34	142	14
WA3	3	3.0	470	343.2	178	136	38	178	24
WA5	5	3.0	600	372.7	210	160	48	210	38
SBL1/2	0.5	2.5	195	176.5	105	110	24	105	7.5
SBL3	3	3.0	500	255.0	186	150	36	170	28
SBL6	5	3.0	590	323.6	208	172	48	195	40
612	1	2.5	500	215.8	208	168	27	137	23.5

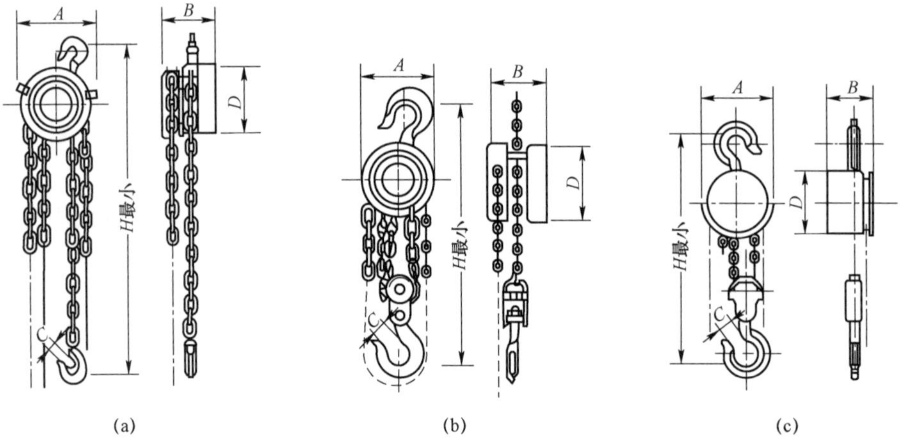

图 1–1–13 手拉葫芦

（a）SH 型；（b）SBL 型；（c）612 型

2. 手拉葫芦使用须知

（1）使用前应进行外观检查。凡部件不全，吊钩、链条、转轴及制动装置有损伤或变形，传动部分不灵活，吊钩、链轮有倒卡现象或链条有滑槽现象等，均不得使用。不得超载使用，不得增人强拉。

（2）使用时先稍微拉紧使其受力，然后检查各部分有无异常现象，再试制动部分是否完好，经检查无异常后，方可开始操作。

（3）以水平方向使用这种葫芦时，应在链条入口处，用支垫物托平，以防链条被卡住或脱槽；同时检查起重链条是否排放整齐，否则应整理好后，方可使用。

（4）使用时，一般由一人拉细链条，如果起载量较大（3～5t），可由两人拉链条。拉链时用力要均匀，不能过快过猛。开始拉链条拉不动时，应查明原因，不能增加人数强拉，以防拉断。

（5）手拉葫芦通常装有制动器，利用提升物的重力起到制动作用，即受力后不会回松。如果需要松时，应向反方向拉动细链条，方能回松。但也有装棘轮制动的，使用时应随时检查其可靠性，以防突然跑链。

（6）有拉力的葫芦需要长时间停留或过夜时，应在受力的粗链条尾部受力侧链条上绑上一个背扣，然后由细链条将尾部绑牢。

【思考与练习】

1. 吊带在使用过程中应注意哪些事项？
2. 钢丝绳在什么情况下必须报废？
3. U 型环在使用过程中应注意哪些问题？
4. 手拉葫芦在使用过程中应注意哪些问题？

模块 2　牵张设备的吊装、捆绑及保护（Z48D1002 Ⅰ）

【模块描述】本模块介绍牵张设备吊点的确定、吊装捆绑保护等内容。通过概念描述、要点解释和受力分析，使操作人员了解牵张设备重心与吊点的关系，熟悉吊点的确定方法；掌握吊点的选择方法、设备在吊装捆绑中保护方法。

【模块内容】

一、牵张设备吊点的选择

常用的牵张设备一般不具有行驶功能，在设备转移过程中，往往需要吊装、运输牵张设备。在吊运牵张设备时，为避免设备倾斜、翻倒、变形、损坏，应根据物体的形状特点、重心位置，正确选择吊点和捆绑点，使设备在吊运过程中保持稳定，以免发生事故。当采用单根绳索起吊设备时，捆绑点应与重心同在一条铅垂线上；用两根或两根以上绳索捆绑起吊重物时，绳索的交汇处（吊钩位置）与重心同在一条铅垂线上。

（1）试吊法选择吊点。在一般吊装工作中，并不需用计算法来准确计算物体的重心位置，而是估计物体重心位置，采用低位试吊的方法来逐步找到重心，确定吊点的位置。

（2）有指定吊点（吊耳或吊环）的物体，吊点要采用原设计的吊点。牵张设备一般有明确的吊点、捆绑点标记。

（3）国产牵张设备一般都有明确的吊点，但部分进口设备要严格区分吊环与锚固环，不要混淆。

（4）没有指定吊点的物体，可在重心两侧四点捆绑吊索，并在根据被吊物体的具体情况，确定合适的吊点（一般选择设备自身的锚固点或强度足够的结构件），使吊钩与物体的重心在同一条铅垂线上。

（5）吊点连接捆绑方法。

牵张设备吊装时一般用卡环把吊索的绳头和设备上的吊环、吊耳连接起来进行起吊。该法适合于已有吊耳或吊环的设备或重物的吊装，根据重物上吊耳或吊环的多少，采用相应的卡接点数。

若牵张设备上没有吊环、吊耳，可采用一对捆绑绳进行四点卡环连接捆绑牢固，再进行吊装。注意必须把同一根绳的两个单头用卡环连接在设备横向同一侧的两个吊点上，绝不允许连接于重物纵向同一侧的两个吊点上。因为吊索在吊钩上潜在的窜动危险性与吊索间夹角的大小成正比，而吊索间夹角纵向总是大于横向的。

二、牵张设备的吊装

吊装作业技术性强、危险性大，是需要多工种人员互相配合、互相协调，精心组织、统一指挥的特殊工种作业，所以必须对作业现场的环境，重物的重量、重心等参数，吊点、捆绑方法、吊运路线、降落地点，起重设备的配置，人员的配备等进行分析计算，严格按照作业指导文件或操作规程进行作业。对于大型的牵张设备或复杂吊装条件下的设备，还需要制定出起重作业方案，经审批后方可实施，以达到安全起吊的目的。

1. 被吊设备的重量确定

一般情况下可依据设备说明书、标牌、货物单等来确定，或根据材质和物体几何尺寸用计算的方法确定。

2. 被吊运物体的重心位置及绑扎

确定物体的重心要考虑到重物的形状和内部结构，不但要了解外部形状尺寸，也要了解其内部结构，确定其重心位置，正确地选择吊点及绑扎方法，保证设备吊装时不受损坏。

3. 吊装现场的环境

现场环境对确定起重作业方案和吊装作业安全有直接影响。现场环境是指作业地点进出道路是否畅通，地面土质坚硬程度，吊装设备、厂房的空间尺寸，地面和空中是否有障碍物，吊运司索、指挥人员是否有安全的工作位置，现场是否达到规定的亮度等。

三、牵张设备装车后的捆绑加固

牵张设备装车运输方式分两种：一种装火车进行铁路运输，一种是装汽车平板车或货车进行公路运输。铁路运输的捆绑加固一般由铁路部门按照相关规程和安全规定实施；公路运输装车后需要施工单位进行捆绑加固。常用捆绑加固方式一般采用钢丝绳或吊带进行捆绑，再使用手拉葫芦或双钩进行紧固固定。

1. 常用捆绑工具

牵张设备装车后的捆绑加固常用工具有钢丝绳、吊带、手拉葫芦和双钩等。钢丝绳、吊带和手拉葫芦前面已有介绍，下面说明双钩的构造和使用须知。

（1）双钩的构造。双钩（又称双钩紧线器）是送电线路施工中常用的调节工具，如调节临时拉线、杆塔补强、稳固抱杆、高空组装、安装附件等，都要使用它。

双钩紧线器是由一对钩头螺杆（一只为右旋螺纹矩形丝扣，另一只为左旋螺纹矩形丝扣）、螺栓杆套、棘轮扳手和换向爪等主要构件组成，如图 1–2–1 所示。工作时将挂钩挂好，只要调整换向爪的位置，即往复摇动扳手，两端螺杆同时向杆套内收紧或向杆套外伸出，以达到收紧或放松的目的。

双钩紧线器的工作原理和螺旋千斤顶的工作原理基本相同，不同之处是双钩紧线器的螺杆主要承受拉力，而螺旋千斤顶中则是承受压力。双钩的钩头和杆套等各种部件常用 35 号和 45 号优质碳素钢制造。

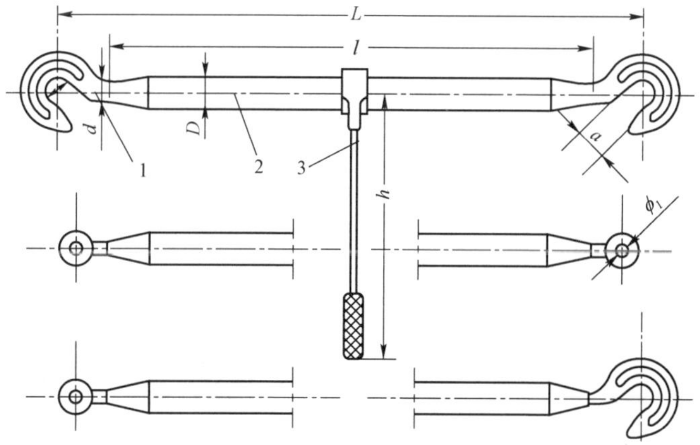

图 1–2–1　双钩紧线器

1—钩头螺杆；2—杆套；3—带换向爪的棘轮手柄

（2）双钩紧线器使用须知。

1）使用前应进行外观检查。凡表面裂纹或严重损伤，本身及挂钩变形，丝扣过松或过紧，受力时丝扣倒转，换向爪失灵，两端螺杆无保险螺栓等，均不得使用。注意铭牌上的额定允许载荷，不得超载使用。

2）使用时，先将两端螺杆松出，松出的长度应基本相等，保留在螺栓套内的丝扣长度不得少于 10cm。

3）操作双钩时，应将两端挂钩别住，不使其扭转，将换向爪定好位置，上下摇动扳手使两端螺杆同时收短或放长。如果扳手摇不动，不得强摇或将扳手接长使用。

4）对受力的双钩进行回松，事先应量好螺杆上的丝扣长度，以防保险螺栓失灵而使螺杆突然脱出。

5）双钩受力后，需要长时间停留或过夜，应用 8 号铁线或钢丝绳将双钩封死，以防发生意外事故。

6）双钩使用一段时期后，应进行润滑保养，保证其经常处于润滑状态。

7）使用完毕后应擦拭干净，经常润滑保养，挂放于不易锈蚀的地方，如有零部件损坏，应及时更换，不要混淆在一起。

2. 牵张设备捆绑固定方法

（1）牵张设备装车前应拆除设备上超高或超宽的部件，如大型牵张设备运输时，为避免超宽、超高，一般需要拆除轮胎。对于不需要拆除轮胎运输的设备，应用枕木将牵张设备底盘支起，使设备重量通过枕木直接传递到货车或平板车上。牵张设备前后支腿应支撑在车厢底板上，在货车或平板车上放置枕木、垫皮等以保护牵张设备底部构件，使轮胎与车厢底面保持接触，确认保护工作到位后，方可将设备装车。

（2）对设备前后端进行“八”字形捆绑，捆绑应结实牢靠，使设备和货车或平板车连成整体，牵张设备装车捆绑示意图如图 1–2–2 所示。

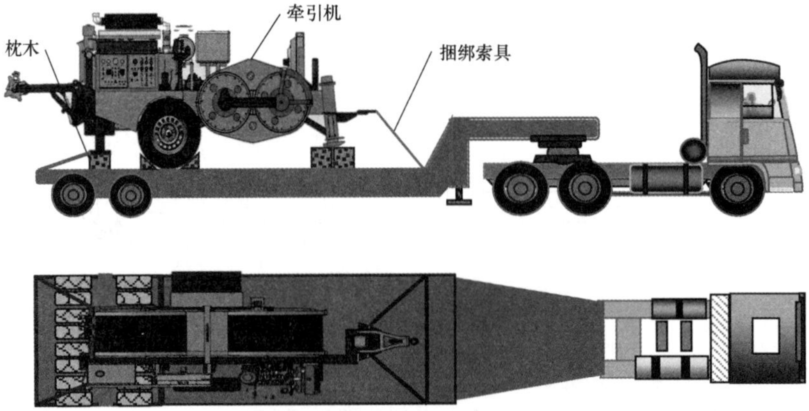

图 1–2–2 牵张设备装车捆绑示意图

四、吊装、捆绑及保护应注意的问题

（1）起重设备经检验检测机构监督检验合格，并在特种设备安全监督管理部门登记。起重设备、吊索具和其他起重工具的工作负荷，不准超过铭牌规定。

（2）起重设备的操作人员和指挥人员应经专业技术培训，并经实际操作及有关安全规程考试合格、取得合格证后方可独立上岗作业，其合格证种类应与所操作（指挥）的起重机类型相符合。起重设备作业人员在作业中应严格执行起重设备的操作规程和有关的安全规章制度。

（3）起重工作由专人指挥，明确分工；起重指挥信号应简明、统一、畅通。重大物件的起重、搬运工作应由有经验的专人负责，作业前应进行安全技术交底，使全体人员熟悉起重搬运方案和安全措施。

（4）移动式起重设备应安置平稳牢固，并应设有制动和逆止装置。禁止使用制动装置失灵或不灵敏的起重机械。

（5）捆绑点是应力集中的地方，因此，设备的捆绑点必须满足强度要求。设备起吊后在力的作用下要有足够的刚度，经起吊后不得产生残余变形。捆绑点之间的受压杆件要有足够的稳定性，以防失稳破坏。

（6）捆绑点不得对捆绑绳有切割或其他损坏现象。若物件有棱角或特别光滑的部位时，在棱角或滑面与绳索（吊带）接触处应加以包垫。对牵张设备应采取适当的保护措施，确保设备外壳及油漆层不受损害。起重吊钩应挂在物件的重心线上。捆绑点在起吊过程中不得发生滑动现象。

（7）捆绑用的吊索、卸扣等的选用要按要求留有一定的安全余量，捆绑前必须进行严格检查。

（8）吊索提升重物时，各分支受力要均匀，夹角一般不超过 90°，最大也不得超过 120°。

（9）一般不使用穿套结索法吊装重物。必须使用时，应选用足够长的吊索，以确保挡套处角度不超过 120°。

（10）吊索绕过被吊物的曲率半径应不小于该绳径的 2 倍。

（11）在起吊、牵引过程中，受力钢丝绳的周围、上下方、转向滑车内角侧、吊臂和起吊物的下面，禁止有人逗留和通过。吊物上不许站人，禁止作业人员利用吊钩来上升或下降。

（12）注意风载荷对吊装物体引起的受力变化。雷雨天气时，应停止野外起重作业。

【思考与练习】

1. 牵张设备吊装时怎样选择吊点？

2. 牵张设备装车后应怎样进行捆绑固定？

3. 牵张设备在吊装捆绑过程中应注意哪些问题？

模块 3 牵张设备的运输（Z48D1003 Ⅰ）

【模块描述】本模块介绍牵张设备运输的有关内容。通过对不同运输方式的讲解和举例，使操作人员熟悉牵张设备运输的常用方法。

【模块内容】

一、牵张设备在工程中的周转

（1）牵张设备不像工厂厂房内的设备一旦就位就基本不动，而是需要频繁转场移位。即从一个工地转到另一个工地；或者在同一工地，从一个场地转移到另一个场地，而且场地条件也是千变万化的。

（2）牵张设备运输的原则。运输安全是牵张机运输的第一原则。牵张设备的运输过程中，应有专人监护，监护人以设备的操作人员为主。

二、牵张设备运输方式

1. 火车运输

牵张设备火车运输可分为装火车、铁路运输和卸火车三个环节。装卸工作应掌握“大不压小、重不压轻”的原则来合理装车，这个装车原则，同样也适合其他运输工具；铁路运输工作严格按照铁路运输方面的规程规范进行安全管理。

2. 公路运输

公路运输又可分为装车运输、拖挂运输和自行式运输三种形式。

（1）装车运输。装车运输是指将牵张设备装上普通公路货运车辆或汽车平板车，通过公路运输到达目的地的运输方式，通常适合较长距离的设备运输，是工程中应用最普遍的一种运输方式。

汽车运输安全注意事项如下：

1）由于牵张机的外形尺寸较大，装车后整体运输高度较大、重心较高，运输前应注意途中的障碍物和危险路段，预先踏勘运输路线是否影响通过，如急弯、陡坡、涵洞、电力线、通信光缆、树枝等。必要时应提前整修道路，排除路障。

2）装载设备的车辆，必须满足设备自重，外形尺寸等技术要求，尽量选用车况好、底盘低，载荷匹配的车辆。严禁超载及“三超”现象，确保运输安全。选用合法正规运输公司车辆，并签订货物运输协议办理保险、货物运单等，符合交通部门规定。

3）设备装车后，要检查设备在车上捆绑的是否牢固，捆绑用的钢丝绳在受力后是否挤压到设备的各种液压元件及机架结构。检查设备是否超高，能够活动、松动的零部件是否捆绑好或紧固好。

4）装车运输的设备在运输途中要适时停车检查设备的捆绑情况。在行驶中要尽量保持较低速度，避免车辆急转弯，以免重心太高造成翻车事故。特别注意在通过桥洞或山洞时要停车观察，高度满足要求时才能行驶通过，避免损伤设备。

5）与设备同车装运的其他小型货物应固定牢靠，避免在运输中小型货物来回移动，相互碰撞损坏。

6）设备与机具尽可能分区装，并有硬质隔离，易滚动的小件机具避免插空堆放设备底部。

7）设备轮胎与车厢板之间应有 5cm 以上间距，并用软物隔离，避免运输途中磨损轮胎。

8）设备自带的机械式刹车处于制动位置。

9）拆除轮胎或车桥的设备，应在设备底盘下部规定位置垫方木，以增加设备稳定性，拆除部件妥善归类存放，随车运输。

（2）拖挂运输。拖挂运输一般用于牵张设备从材料站到牵张场及牵张场之间的转移等较短距离的公路运输。随着牵张设备的发展，尤其是底盘装有减振弹簧设备的出现，可以实施设备转移的拖挂运输。

拖挂运输安全注意事项如下：

1）牵引汽车应按被拖运设备重量和道路坡度进行配重，确保动力足够。

2）要特别注意牵引汽车和牵引机、张力机之间的拖钩、闭锁销、灯光线路及刹车管路是否连接稳妥、正常工作。拖行之前要把销子等能活动的、松动的零部件捆绑好或紧固好。

3）特别要注意液压支腿的自锁能否使用。不能正常使用的要采取措施，以防在拖行中支腿自行伸出造成损坏。

4）在对没有减振弹簧的牵张机拖行中，公路行驶速度不超过 15km/h，便道行驶速度不超过 10km/h，复杂路段控制在 5km/h。在拖运过程中，还要适时地停车检查各部位，特别是拖钩部分。

5）操作手、拖车司机、现场指挥、技术人员要先勘察要通过的道路，必要时整修道路、排除路障。

6）冬季设备转运遇有结冰路面时，牵引车及设备应采取加装防滑链等安全措施。大雾、（雷）暴雨等恶劣天气及夜间严禁设备拖运。

（3）自行式运输。自行式运输是指牵张设备具有行驶功能，通过驾驶操作，独立完成运输的方式。目前我国自行式牵张设备较少，也较少应用。

自行式运输安全注意事项如下：

1）运输前应检查设备自身性能，确认完好，检查试验合格后方可开始公路运输。

2）自行式牵张机在运输过程中要限制速度，不能超过60km/h。

三、牵张设备装车公路运输主要步骤

1. 运输前准备工作

（1）对与运输有关的材料货场、牵引场、张力场以及各条可能的公路运输路线进行勘察和咨询。

（2）对乡村公路上的桥梁，请有经验的技术人员或设计咨询单位进行承载能力核算。

（3）与当地有关政府部门联系、配合整修场地、道路，以满足作业条件。

（4）组织运输人员进行安全技术交底，熟悉运输路线和相关要求。

（5）配备、检查车辆和工器具。

2. 公路运输

（1）运输过程中严格遵守操作规程和技术指导文件的规定。

（2）运输途中按规定对车辆和装载物进行检查，对关键控制点进行控制。

3. 到达目的地后卸车

（1）设备进场前，应布置作业现场，使场地条件和地基承载力均能满足牵张设备装卸车和施工作业的需要。

（2）采用起重机将牵张设备卸车，停放在施工作业指定位置。

四、牵张机在工地转场的安全注意事项

（1）牵、张机全套设备的管理与操作应设专人负责，无资质人员不得操作。

（2）设备在工地转场运输，应设以操作人员为主的监护人。监护人应事先对设备进行全面检查。途中经常注意设备运输情况，每行驶不超过5km应停车检查一次。

（3）短距离转移，可以进行拖运。拖运时必须限速，柏油路要控制行驶速度不能超过30km/h，土路要控制在15km/h，复杂路段控制在5km/h。在拖运过程中，还要适时地停车检查各部位，特别是拖钩部分。

（4）设备进场后，应有专人看管，无关人员不得靠近设备。换班要交代清楚，并办理交接手续。

（5）液压软管拆装时，要特别小心，应保持接头处清洁，装好堵头，转移时应装箱，防止损失软管。

【思考与练习】

1. 牵张设备在施工中常用的运输方式有哪些？

2. 牵张设备装车运输时应注意哪些安全问题？

3. 牵张设备如采用拖挂式运输应注意哪些问题？

第二章

牵张设备常规维护和保养

模块1 牵张设备清洗和整机检查（Z48D2001Ⅰ）

【模块描述】本模块介绍牵张设备清洗方法和检查内容。通过要点讲解和实例分析，使操作人员掌握牵张设备外观清洁要求和清洗注意事项，熟悉日常整机检查项目的内容和要求。

【模块内容】

牵张设备从作业现场撤回单位后要对整机进行清洗和检查，确认设备正常后封存入库，如果发现设备有损坏，则应及时进行修理，确保入库设备均保持完好，以利在接到使用通知后可以迅速将完好设备投入施工现场。

一、设备清洗

1. 牵张设备整机清洗的方式

（1）一般部位清洗。牵张机的一般部位，如钢结构部分、进出线部分、设备外壳等，可以使用水流直接清洗。清洗时，应先用湿抹布先在设备表面擦拭一遍，将设备表面打湿，然后再喷上中性清洗液，静置1～2min后，再用水枪冲洗干净。

（2）特殊部位的清洗。牵张机的一些特殊部位，例如控制柜、电气部分等部位不能用水枪直接冲洗，应采用湿抹布擦拭，并配合适当的清洗液。在冲洗其他部位时，必须对上述特殊部位做适当包裹保护，避免浸水。

2. 牵张设备整机清洗的注意事项

（1）清洗前，应断开设备电源总开关，以免发生短路。

（2）控制箱内部、电气部分等位置不可以冲洗，防止短路。

（3）酸性清洁剂会很快渗透到设备表面漆中，造成腐蚀；碱性清洁剂的破坏是慢性的，同样会带来严重的腐蚀。因此，设备清洗时应选择中性清洁剂。

（4）在冲洗发动机时，应确保水压不能过高，注意避免水进入发动机进气管、油底壳。

（5）液压软管不要使用清洗剂清洗，可以使用清水擦洗。

二、整机检查

牵张设备入库和在工地使用过程中，需要经常对整机及其附件进行彻底的检查，以便及时发现故障并进行维修，保证设备完好。

整机检查的具体项目和要求如下：

1. 设备外表

机容机貌整洁，无泥污、脱漆、变形损坏。

2. 操作柜

（1）外罩面板完好，无损坏。

（2）支架及固定螺栓完整、齐全，无缺损。

（3）电源、起动钥匙、油箱、面板等齐全，无缺损。

（4）指示灯齐全完好，无缺损。

（5）仪表齐全完好，无缺损。

（6）操作手柄（油门、支腿、收放线、制动、冷却等手柄）完好，无缺损。

（7）阀调节旋钮、工况选择开关等完好，无缺损。

（8）熔断器盒、熔丝齐全完好，无缺损。

3. 进出线机构

（1）进出线辊轮及支架完好，无缺失、转动不灵、损坏、变形、松动。

（2）张力轮并轮附件（连接销）完好，无缺损。

（3）张力轮槽、牵引卷筒完好，无异常磨损、变形。

（4）张力轮轮缘板完好，无缺失、变形，连接螺栓无松动或缺损。

（5）计数器及其传动机构完好，无损坏。

（6）张力轮传动链条、传动齿轮完好，无损坏。

4. 液压和电气部分

（1）液压油箱完好，无漏油、变形、箱盖缺损。

（2）液压油滤芯及其堵塞压力表、报警器完好，无损坏。

（3）液压管路完好，无漏油、老化。

（4）液压管路布置整齐、保护措施得当，无凌乱、磨损。

（5）尾架输出接头完好，无漏油、损坏。

（6）减速器油标及呼吸阀完好，无损坏、漏油。

（7）液压开关、阀、泵、马达、油缸完好，无漏油、损坏。

（8）电气线路布置整齐、保护措施得当，无凌乱、磨损。

5. 滤芯、油液、润滑、电瓶等部件

（1）空滤、燃油滤芯、机油滤芯完好。

（2）液压油、机油、齿轮油、燃油、冷却液等液位（数量）及质量合格，无缺少、变质超标。

（3）润滑脂泵和润滑脂管路完好，管路无老化、断损。

（4）滑脂润滑点润滑良好，不缺脂。

（5）水箱、燃油箱完好，无渗漏、变形、箱盖缺失。

（6）水箱开关完好，开关自如不渗漏。

（7）电瓶完好，电瓶液位合格、桩头连接牢固、无脏污腐蚀、性能合格。

6. 结构件及其他

（1）外罩完好，无损坏（变形、裂损、脱漆、缺失）。

（2）拖杆及连接销齐全、完好，无缺损。

（3）轮胎气压正常，花纹符合要求，无硬伤。

（4）机桥轴头完好，无损。

（5）轮制动器手柄、拉条（或拉杆）、制动器齐全完好。

（6）总成件与机架连接螺栓齐全完好，无松动、缺损。

（7）支腿及其连接销齐全完好，无变形、裂损。

7. 发动机试运行

（1）发动机运转正常，无抖动、异响。

（2）发动机机油压力正常。

（3）发动机温度（水温、机油温度）正常。

（4）发动机故障指示灯指示正常。

（5）充电系统正常，发动后指示灯灭。

（6）发动机工作时间表正常指示。

8. 液压传动机构试运行

（1）液压泵、马达运转正常，无异响、温度正常。

（2）支腿升降机构升降平稳，无卡滞、泄压自降。

（3）液压油冷却系统完好，温控系统和冷却强度正常可控。

（4）张力轮、牵引卷筒正反转正常；张力轮、牵引卷筒制动系统正常。

（5）补油压力正常。

（6）液晶控制面板完好，能正常显示、设置。

（7）液压油滤芯堵塞指示灯指示正常（滤芯堵塞，灯亮）。

（8）张力和牵引力预设正常，可正常设置。

9. 导线尾车及附件

（1）管路（进油管、出油管）数量齐全、无老化、不漏油。

（2）外观清洁，无泥污。

（3）马达头完好：转动正常，无异响，不漏油，螺塞、螺栓、呼吸阀齐全完好。

（4）导线轴及其附件齐全完好：轴无裂损变形，轴头螺纹及配套螺母无损，锥套、隔套、传动销无变形丢失，轴承及支撑座完好。

（5）导线架完好：结构件无变形，把手完好，连接销齐全，支撑油缸或支撑管完好。

10. 主牵轴组及刹车盘

（1）外观清洁，无泥污。

（2）主牵主轴及其附件齐全完好：轴无裂损变形，轴头螺纹及配套螺母无损，锥套、隔套、传动销无变形丢失，十字轴完好，轴承及支撑座完好。

（3）支撑架完好：结构件无变形，把手完好，连接销齐全，支撑油缸或支撑管完好。

（4）刹车盘完好：摩擦片有效、调整螺杆不缺失、把手无变形、刹车盘支承轴承不松旷、制动盘磨损不严重。

11. 设备安全装置

（1）设备接地是否安全，有效。

（2）导线（牵引绳）接地滑车是否安全，有效。

（3）设备操作手脚踏的绝缘胶板是否齐全，可靠。

【思考与练习】

1. 牵张设备整机清洗时应注意什么？
2. 牵张设备操作柜检查的内容有哪些？
3. 牵张设备滤芯、油液、润滑、电瓶等部件检查的内容有哪些？

模块2 牵张设备用油（脂）的添加和更换（Z48D2002Ⅰ）

【模块描述】本模块介绍牵张设备用油及脂的添加和更换。通过对牵张设备用油特性的讲解，使操作人员掌握柴油、润滑脂、齿轮油、内燃机润滑油、液压油、制动液、防冻液等的添加、更换方法和注意事项。

【模块内容】

牵张设备常用的油（脂）包括柴油、润滑脂、齿轮油、内燃机润滑油和液压油、制动液等。此外，牵张设备还需使用防冻液等液体。

以下分别介绍各类油、脂、液的特性，以及添加、更换方法和注意事项。

一、柴油

1. 柴油的选用

牵张设备使用的柴油是以工作环境的温度为依据来选用的。在不同季节、不同地区条件下，应使用适宜标号的柴油，否则会造成发动机不能正常工作或浪费。例如，使用柴油的凝固点低于当地环境温度时，会造成柴油滤清器堵塞，发动机起动困难，不能正常工作。使用柴油的型号过高，则会造成浪费。

一般来说，牵张设备在我国长江流域通常使用0号（非冬季）或–10号轻柴油（冬季），北方冬季需使用–20号轻柴油，在南方炎热地区，非冬季可使用10号、冬季可使用0号轻柴油，而东北严寒地区冬季需使用–35号轻柴油。轻柴油的使用温度区间见表2–2–1。

表2–2–1　　轻柴油的使用温度区间

型号	10号	0号	–10号	–20号	–35号	–50号
代号	RC–Z10	RC–0	RC–10	RC–20	RC–35	RC–50
凝固点/℃　≤	+10	0	–10	–20	–35	–50
闪点（闭口）/℃　≥	65	65	65	65	50	50
使用温度区间/℃	>8	4～8	–5～4	–14～–5	–29～–14	–44～–29

2. 柴油添加和使用注意事项

牵张设备的燃油一般使用油桶储存、加油泵加注。要保证柴油的清洁，必须做好油桶、加油泵及加油过程的管理和控制。柴油添加和使用应注意以下几点：

（1）牵张设备宜在燃油箱加注口使用不大于120目的滤网过滤。

（2）储存柴油的油桶、加油泵等应保持清洁，并经常清洗。

（3）油桶内的柴油在加入油箱前，应经过沉淀处理。

（4）一般柴油机工作250h需更换柴油滤清器，此时应注意清洗油箱；如果使用的柴油较脏，清洗的时间间隔应缩短。

（5）如果柴油中含水量偏大，会损害发动机，应及时通过燃油系统的油水分离器放水。

（6）做好安全防火措施。

二、润滑脂

1. 润滑脂简介

润滑脂是稠厚的油脂状半固体，主要由矿物油（或合成润滑油）和稠化剂调制而成。绝大多数润滑脂用于润滑，称为减摩润滑脂。减摩润滑脂主要起降低机械摩擦，防止机械磨损的作用，同时还兼起防止金属腐蚀的保护及密封防尘作用。

润滑脂根据稠化剂可分为皂基脂和非皂基脂两类。根据用途可分为通用润滑脂和专用润滑脂两种，前者用于一般机械零件，后者用于专用机械及阀门等。

润滑脂的工作原理是稠化剂将油保持在需要润滑的位置上，有负载时，稠化剂将油释放出来，从而起到润滑作用。常温和静止状态时润滑脂像固体，能保持自己的形状而不流动，能黏附在金属上而不滑落；在高温或受到超过一定限度的外力时，它又像液体能产生流动。润滑脂在机械中受到运动部件的剪切作用时，它能产生流动并进行润滑，减低运动表面间的摩擦和磨损；当剪切作用停止后，它又能恢复一定的稠度。润滑脂的这种特殊的流动性，决定它可以在不适于用润滑油的部位进行润滑。此外，由于其是半固体状物质，其密封作用和保护作用都比润滑油好。

2. 润滑脂选用注意事项

（1）所选润滑脂应与摩擦副的供脂方式相适应。属集中供脂时，应选择 0～1 号润滑脂；对于定期用脂枪、脂杯等加注脂的部位，应选择 1～3 号润滑脂；对于长期使用而不换脂的部位，应选用 2 号或 3 号润滑脂。

（2）所选润滑脂应与摩擦副的工作状态相适应。如在振动较大时，应使用黏度高、黏附性和减振性好的脂。

（3）所选润滑脂应尽量保证减少脂的品种，提高经济效益。在满足要求的情况下，尽量选用锂基脂、复合皂基脂、聚脲脂等多效通用的润滑脂。这样，既减少了脂的品种，简化了脂的管理，且因多效脂使用寿命长而可降低用脂成本，减少维修费用。

（4）牵张设备一般使用 ZN–3 润滑脂。

3. 润滑脂的储存注意事项

（1）润滑脂是一个胶体，在使用和储存中脂的结构将会受各种外界因素的影响而变化。

（2）在库房存储时，温度不宜高于 35℃，包装容器应密封，不能混入水分和外来杂质。

（3）当开桶取样品或产品后，不要在包装桶内留下孔洞状，应将取样品后的脂表面抹平，防止出现凹坑，否则基础油将被自然重力压挤而渗入取样留下的凹坑，而影响产品的质量。

（4）不要用木制或纸制容器包装润滑脂，防止失油变硬、混入水分或被污染变质，并且应存放于阴凉干燥的地方。

4. 润滑脂添加、更换和使用的注意事项

（1）所加注的润滑脂量要适当。加脂量过大，会使摩擦力矩增大，温度升高，耗脂量增大；而加脂量过少，则不能获得可靠润滑而发生干摩擦。一般来讲，适宜的加脂量为轴承内总空隙体积的 1/3～1/2。但根据具体情况，有时则应在轴承边缘涂脂而实行空腔润滑。

（2）注意防止不同种类、牌号及新旧润滑脂的混用。由于润滑脂所使用的稠化剂、基础油以及添加剂都有所区别，混合使用后会引起胶体结构的变化，使得油分增大，稠度变化，机械安定性等都要受影响。

（3）由于润滑脂品种、质量都在不断地改进和变化，老设备改用新润滑脂时，应先经试验，试用合格后方可正式使用；在更换新脂时，应先清除废润滑脂，将部件清洗干净。在补加润滑脂时，应将废脂挤出，在排脂口见到新润滑脂时为止。

（4）在领取和加注润滑脂前，要严格注意容器和工具的清洁，设备上的供脂口应事先擦拭干净，严防机械杂质、尘埃和砂粒的混入。

（5）注意季节用脂的及时更换，设备使用的油脂应与工作环境温度相适应。

（6）润滑脂的加换时间应根据具体使用情况而定，既要保证可靠的润滑，又不至于引起脂的浪费。一般来说，牵张设备上类似齿轮、链条类的部件，应每天至少涂抹一次润滑脂，并在使用中注意适时添加，工作每 100～150h 清洗一次；类似牵张轮轴承、滚筒轴承等采用脂枪、脂杯等加注脂的部位，工作每 50～100h 注油一次，冬季可取上限，夏季可取下限。

（7）润滑脂失效的简易判断方法：润滑脂硬结，有沙尘杂质。

三、齿轮油

1. 齿轮油简介

齿轮油是以石油润滑油基础油或合成润滑油为主，加入极压抗磨剂和油性剂调制而成的一种重要的润滑油。用于各种齿轮传动装置，以防止齿面磨损、擦伤、烧结等，延长其使用寿命，提高传递功率效率。

齿轮油分为汽车齿轮油和工业齿轮油两类。前者用于润滑各种汽车手动变速箱和齿轮传动轴；后者用于润滑各种工业的齿轮装置。对于牵张设备，通常使用的是 100 号重负荷工业齿轮油或车用准双曲面齿轮油。

齿轮油的基本性能有：

（1）合适的黏度及良好的黏温性。

（2）足够的极压抗磨性。

（3）良好的抗乳化性。

（4）良好的氧化安定性和热安定性。

（5）良好的抗泡性。

（6）良好的防锈防腐蚀性。

2. 齿轮油的更换

牵张设备使用时，应通过设备上的观察孔观察齿轮油的油液面位置，如果不足应及时添加。牵张设备上一般有齿轮油的加注和排放孔，按操作说明书要求更换即可。如图 2–2–1 所示，某液压马达总成件齿轮油注油口、放油口和油标位置。

齿轮油的更换可根据牵张设备说明书上的要求来进行。例如减速器齿轮油，一般来说，每工作 300h 应更换一次。

齿轮油变质的简易判断标准：油液浑浊，有杂质。

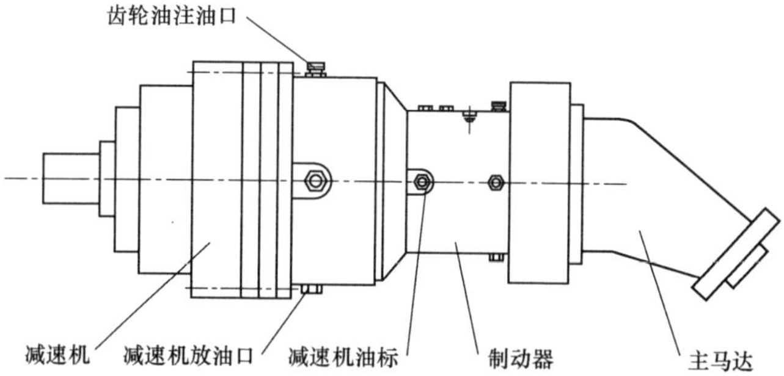

图 2–2–1　某液压马达总成件齿轮油注油口、放油口和油标位置示意图

四、内燃机润滑油

1. 内燃机润滑油简介

内燃机润滑油简称机油，能对发动机起到润滑减磨、冷却降温、密封防漏、防锈防蚀、减震缓冲等作用。机油因其基础油不同可简分为矿物油及合成油两种；合成油中又分为全合成和半合成。全合成机油是最高等级的。

机油主要有七大作用：

（1）润滑。

（2）冷却降温。

（3）清洗清洁。

（4）密封防漏。

（5）防锈防蚀。

（6）减震缓冲。

（7）抗磨。

2. 机油的选用

在机油的外包装上经常会看到 SAE 和 API 标志。其中 SAE 是美国汽车工程协会的简称，API 是美国石油协会的简称。SAE 后边的标号标明机油的黏度级别，而 API 后边的标号则标明机油的质量级别。我国也引用此种标准。

机油黏度的选用应同时满足低温起动性和高温润滑性。根据地区、季节和气温选用黏度等级，并尽量使用多级油。

对于新发动机应选用黏度较小的机油，以保证在使用期内正常磨合；而使用较久、磨损较大的发动机则应选用黏度较大的机油，以维持所需的机油压力，保证正常润滑。

牵张设备通常使用的机油品质应符合 API 的 CD 级以上标准，黏度符合 SAE15W/40 标准，或按季节和发动机要求选择。

【例 2–2–1】 SAE15W/40 机油。

这种机油是冬夏通用的多级机油，W 代表 WINTER（冬天），W 前面的数字代表低温时的流动性能，数值越小低温时的起动性能越好。W 后面的数字代表机油在高温时的稳定性能（即变稀的可能性），数值越大说明机油高温的稳定性能越好。

3. 机油的添加更换标准和注意事项

（1）发动机上配有机油尺，可以通过机油尺上油液面高度及颜色、黏稠度（用手触摸有颗粒感）来判断是否需要添加和更换机油。

（2）一般情况下，新发动机在首次工作 30～50h 之后及在中修或大修之后的 30～50h 后应更换机油与机油滤清器（滤芯），此后更换周期为每工作 250h 或根据实际使用和污染状况提前更换。

（3）机油必须保持清洁，防止水或柴油进入机油。不同厂家、不同牌号的机油严禁混用。需要更换不同厂家、不同牌号的机油时，应将润滑系统清洗后再加入新机油。只能用高级机油代替低级机油使用，而不能用低级机油代替高级机油。

（4）换油时，应将设备水平放置，严禁设备倾斜时更换机油。

（5）机油中含水的鉴别方法。

1）观色法。清洁达标的机油呈蓝色半透明状；机油中有了水则呈褐色，当发动机运转一段时间后，变质机油呈乳白色，并伴有泡沫。

2）燃烧法。把铜棒烧热后放入被检查的机油中，若有“噼啦”响声，说明机油中含有较多的水。也可将检查的机油注入试管中加热，当温度达 80～100℃时，试管中产生“噼啦”声，则证明机油中含有较多的水。

3）放水法。发动机停机后，让发动机静止 30min 左右，松开放油螺塞，如有水放出来，则说明机油中含有较多的水。

（6）机油更换的误区。

1）机油变黑了就该换油。这种理解并不全面。对于没有加清静分散剂的机油来说，颜色变黑的确是油品已严重变质的表现，但现代机油一般都加有清静分解剂。这种清静剂将黏附在活塞上的胶膜和黑色积炭洗涤下来，并分散在油中，减少发动机高温沉淀物的生成，故机油使用一段时间后颜色容易变黑，但这时的油品并未完全变质。

2）机油能多加就多加。机油量应该控制在机油尺的上、下刻度线之间为好。因为机油过多就会从气缸与活塞的间隙中窜入燃烧室燃烧形成积炭。这些积炭会提高发动机压缩比，增加产生爆震的倾向；积炭在汽缸内呈红热状态还容易引起早燃，如落入汽缸会加剧汽缸和活塞的磨损，还会加速污染机油。其次，机油过多增加了曲轴连杆的搅拌阻力，使燃油消耗增大。

3）机油添加剂用处大。真正优质的机油是具备多种发动机保护功能的成品，配方中已含有多种添加剂，其中包括抗磨剂，而且机油最讲究配方的均衡以保障各种性能的充分发挥。自行添加其他添加剂不仅不能给发动机带来额外保护，反而易与机油中的化学物质发生反应，造成机油综合性能的下降。

4）机油经常添不用换。经常检查机油是正确的，但只补充不更换只能弥补机油数量上的不足，却无法完全补偿机油性能的损失。机油在使用过程中，由于污染、氧化等原因质量会逐渐下降，同时还会有一些消耗，使数量减少。

4. 机油的更换步骤

（1）运转发动机，使其达到工作温度后停机。

（2）在油底壳下方放置旧油回收容器，找到油底壳的放油螺栓，慢慢拧开放油螺栓，应注意不要接触到热油。当机油放尽后，检查并重新安装放油螺栓，注意不要将螺栓拧得过紧，防止油底壳损坏。

（3）将盛油容器移到油滤下方，使用机油滤芯扳手将滤芯拧松，再用手将其拧下。

（4）使用新机油涂抹新滤芯的接口垫圈。如果滤芯安装位置是垂直的，可以在滤芯中倒入一些新机油，可以在下次发动机起动时减少干磨。用手将滤芯拧入，按照说明书上的方法将滤芯拧紧（通常是在用手将滤芯拧紧后再拧入 3/4 圈）。

（5）按说明书要求将新机油注入油底壳。可以使用漏斗，防止将机油洒在发动机外部。检查发动机下部是否有泄漏。如果没有泄漏，检查机油尺，并起动发动机，起动后控制仪表上的机油指示灯应该马上熄灭。最后，关闭发动机重复检查机油量，并根据当地法规处理旧机油和滤芯。

五、液压油

1. 液压油简介

液压油是利用液体压力能的液压系统使用的液压介质，在液压系统中起着能量传递、系统润滑、防腐、防锈、冷却等作用。液压油按照用途分为：普通抗磨液压油，防锈、抗氧化、抗磨液压油，宽温液压油以及抗燃液压油。

常见的液压油品牌有美孚 Mobil、壳牌、长城润滑油、昆仑润滑油、统一润滑油、道达尔 Total、嘉实多 Castrol、BP 润滑油、雪佛龙 Chevron、韩泰润滑油、加德士、康普顿等。

液压油质量的优劣将在很大程度上影响液压系统的工作可靠性和使用寿命。通常对液压油的质量要求有如下几点：

（1）适宜的黏度及良好的黏温性能。

（2）良好的防锈性及抗氧化安定性。

（3）良好的抗泡沫性。

（4）良好的抗乳化性。

（5）良好的极压抗磨性。

牵张设备的液压系统使用液压油作为工作介质，这类液压系统中油液的流速不大而压力较高，故称为静压传动。高压系统的液压元件特别是液压泵中处于边界润滑状态的摩擦副，由于正压力加大，速度高而使摩擦磨损条件较为苛刻，必须选择润滑性即抗磨性、极压性优良的抗磨液压油（HM 液压油）。

抗磨液压油（HM 液压油）是从防锈、抗氧液压油基础上发展而来的，它有碱性高锌、碱性低锌、中性高锌型及无灰型等系列产品，它们均按 40℃运动黏度分为 22、32、46、68 四个牌号。

适用于牵张设备的液压油一般为 HM46 号抗磨液压油。

2. 液压油的添加、更换和使用注意事项

（1）液压油添加、更换和使用应严格按照牵张设备操作说明书的要求进行。

（2）旧液压油放尽后，应认真清洗液压油箱。

（3）添加液压油时，应使用滤油器和干净器皿，先清除加油口附近的污垢，按规定进行过滤。现场加油要注意环境的污染。

（4）注意油箱口和管接头的密封。

（5）液压油使用油温不能过高，否则将加速氧化变质。

（6）牵张机主机与尾车油管拆装时，应先清除油管接头附近污垢；使用后用干净堵头或塑料袋封好。

（7）拆开的管头和元件严禁用布和棉纱擦洗和堵塞。

（8）一般新机工作 300～500h 后应更换液压油和滤芯，以后每 1500 工作小时或 18～24 个月更换一次。

（9）严禁不同型号的液压油混用。

（10）液压油变质的简易判断标准：油液乳化，颜色混浊，有杂质。

六、制动液

1. 制动液简介

制动液又称刹车油，是液压制动系统中传递制动压力的液态介质，使用在采用液压制动系统的机械设备中。所有液体都有不可压缩特性，在密封的容器中或充满液体的管路中，当液体受到压力时，便会很快地、均匀地传导。液压制动便是利用这个原理来进行工作的。制动液的制动工作压力一般为2MPa，高的可达4～5MPa。

合格达标的制动液有以下几个特性：

（1）在高温、严寒、高速、湿热等工况条件下保证灵活传递制动力。

（2）对刹车系统的金属和非金属材料没有腐蚀性。

（3）能够有效润滑刹车系统的运动部件，延长刹车分泵和皮碗的使用寿命。

制动液一共有三种类型，牵张设备宜选择合成制动液。合成制动液具有凝点低、沸点高、不易产生气阻、抗腐蚀等优点，被广泛应用于高速、大负荷的机械设备上。

选择的制动液应符合美国交通部DOT3和DOT4标准，这是国际认可的制动液标准。我国交通部和公安部制定JG3和JG4标准，也是参照美国标准制定的。

2. 制动液添加、更换和使用注意事项

（1）不同种类制动液禁止混合使用。当不同种类制动液混在一起时，会造成制动液沸点降低，与劣质制动液混合尤其明显。在低温时制动液凝固，刹车明显失效，并且腐蚀刹车油泵及橡胶件，使制动皮碗老化变质、回油阀密封不严、制动总泵或分泵活塞与缸壁磨损，造成间隙过大。

（2）制动液中不可混入水分。同样，水也能直接降低制动液的沸点。当水进入制动液后，制动液的抗气阻能力大大下降，直接影响到制动液的低温流动性。例如：在东北地区冬季，正常指标–40℃的制动液，混入水分后在–20～30℃时已凝固，造成刹车失灵。若制动液进水时，一定要及时更换新的制动液并排气，必要时应更换皮碗、活塞，清洗回油阀。

（3）定期检查并更换制动液。若发现制动液有白色沉淀、杂质，应过滤后再用。制动液一般两年换一次，由于制动液吸湿性强，应避开雨天更换。更换时，一定要把原来的制动系统清洗干净，擦干后再加入新换的制动液，严禁水和其他油混入新换的制动液。

七、防冻液

1. 防冻液简介

防冻液的全称为防冻冷却液，是一种含有特殊添加剂的冷却液。它在发动机的冷却系统作为冷却液使用，具有冬天防冻、夏天防沸、全年防水垢、防腐蚀等优良性能。

现国内外95%以上使用乙二醇的水基型防冻液。与自来水相比，乙二醇最显著的特点是防冻。其次，乙二醇沸点高，挥发性小，黏度适中并且随温度变化小，热稳定性好。

衡量防冻液的优劣主要有以下两点：首先是防冻效果，水的冰点是0℃，一般普通型的防冻液都可达到–40℃，而优质的防冻液应能达到–60℃左右，这是标定防冻液质量的一个重要指标；另一个是防冻液的沸点，水的沸点是100℃，而防冻液至少应达到108℃以上，也就是说冰点越低，沸点越高，其中的温差越大，防冻液的品质就越好。

一般情况下，防冻液与水的比例为40:60时，冷却液沸点为106℃，冰点为–26℃，当比例为50:50时，冷却液沸点为108℃，冰点为–38℃。一般要求按照低于使用地的最低温度5℃左右配制冷却液。

2. 防冻液更换步骤

（1）检查。加注新冷却液应在冷机时进行。在彻底更换防冻液之前，要先全面检查，观察各管道有无泄漏的痕迹，是否有裂缝。如果发现有泄漏防冻液的现象，应根据情况更换管道或重新固定接口。

（2）放水。将旧的防冻液放出后，用清水清洗液体通道。将清水加入防冻液罐，使清水连续不断地流经发动机冷却系统，随后怠速3～5min，让水循环起来。开始流出的水会有颜色（残留冷却液），继续注入清水，直至流出来的水是无色透明的。

（3）换新液。将新的防冻液加入防冻液罐和水箱，起动发动机怠速运转，温度正常后熄火。这时冷却系统由于排除了部分空气，液面有所下降，再把防冻液加进去，加注至储液罐的最高标记“MAXT”为止。

3. 防冻液添加、更换和使用的注意事项

（1）防冻液不仅仅是冬天用，应该在全年使用。

（2）一般情况下防冻液应每两年更换一次。如发现防冻液内出现悬浮物、沉淀物或变质、变色应及时更换并清洗系统。清理好水箱之后，再加入防冻液效果比较好。

（3）不同品牌的防冻液不宜混用，以免起化学反应、沉淀或产生气泡。这样做会对橡胶密封造成损害，通常会造成水泵水封及焊缝处漏水现象。

（4）野外施工中特殊情况的应急处理。

在张力放线过程中，如果因为管道损坏或发动机开锅，造成水箱内冷却液不足时，应及时添加同型号冷却液。如果现场冷却液不足，可临时补充蒸馏水或纯净水。但严禁使用自来水或河水等，以免水垢、杂质和原有防冻液中的添加剂起反应，生成沉淀。

在施工完毕后，应及时更换添加有杂质的冷却液，将水箱及冷却系统清洗干净后，加入新的冷却液。

【思考与练习】

1. 牵张设备使用什么型号的柴油？为什么？
2. 牵张设备齿轮油的作用是什么？如何判断油品的好坏？
3. 牵张设备润滑脂、内燃机润滑油的作用和更换方法是什么？
4. 牵张设备制动液、防冻液作用是什么，更换时应注意哪些事项？
5. 牵张设备液压油作用是什么，更换时应注意哪些事项？

模块3　牵张设备滤芯的更换（Z48D2003Ⅰ）

【模块描述】本模块介绍牵张设备滤芯的更换。通过对牵张设备各类滤芯使用要求的讲解，使操作人员掌握牵张设备柴油滤清器、机油滤清器、空气滤清器、液压油滤清器等滤芯的更换的方法和要求。

【模块内容】

牵张设备所使用的滤清器，具有一定规格滤网，当流体（液体或气体）通过滤网后，除去其中的固体颗粒等杂质，使得通过滤清器、进入系统的流体具有一定的洁净度，保证设备的正常工作。

滤清器是牵张设备的常用件，需要经常性地更换和保养。滤清器的更换技能和使用要求是设备操作和使用人员应具备的。

滤芯的材质一般包括纸质滤芯、化纤滤芯、不锈钢网式滤芯等多种。

牵张设备主要使用的滤清器包括柴油滤清器、机油滤清器、液压油滤清器、空气滤清器等。图2–3–1即是牵张设备所使用的柴油滤清器、机油滤清器和空气滤清器；图2–3–2即是牵张设备所使用的液压油滤清器。

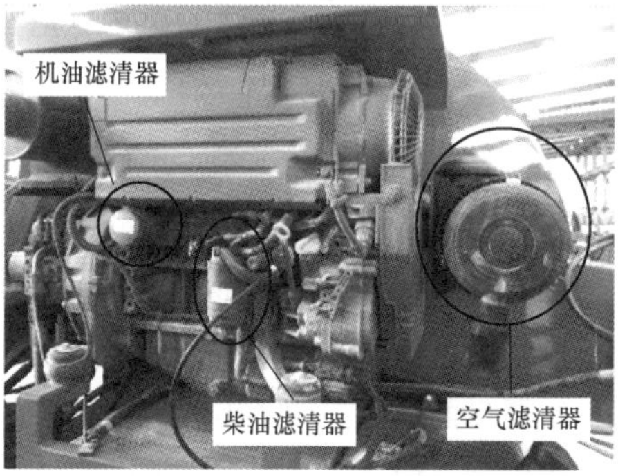

图2–3–1　柴油滤清器、机油滤清器和空气滤清器

图2–3–2　液压油滤清器

本模块主要介绍各类滤清器的特点、维护保养和更换的方法及注意事项。

一、柴油滤清器

1. 柴油滤清器简介

柴油滤清器是保证柴油发动机进油质量的重要元件之一。它能够有效地阻挡柴油中夹带的微尘和水分，并能有效地延长喷油泵、柴油喷嘴和其他相关元件的使用寿命。

柴油滤清器主要分两种，旋装式和可更换式，一般牵张设备上使用的是可更换式（一次性）柴油滤清器，如图 2–3–3 所示。

图 2–3–3 可更换式柴油滤清器

2. 柴油滤清器的更换

一般来说，在发动机工作 250h 后，柴油滤清器就应更换。更换柴油滤清器必须严格按照设备使用说明书规定的型号，严禁随意替代，更换步骤如下：

（1）使用专用扳手拆除牵张设备上的柴油滤清器，滤清器内的油应倒入专用盛油容器里，按规定处理以免污染环境。

（2）将新滤清器里注满柴油，并在新滤清器的接口垫圈处涂抹柴油。

（3）按说明书规定，用手将滤清器拧入、拧紧，再使用专用扳手拧入 3/4 圈。

（4）拧松排气螺塞，使用发动机上的输油泵进行发动机低压燃油系统排气，直至排气螺塞处喷出的柴油中无气泡，然后拧紧排气螺塞，并使输油泵的泵油手柄回至初始位。

（5）起动发动机，发动机运转正常，无漏油现象，滤清器更换完成。

二、机油滤清器

1. 机油滤清器简介

机油滤清器的作用是滤除机油中的杂物、胶质和水分，向各润滑部位输送清洁的机油。

由于机油本身黏度大，机油中杂物含量较高，为提高滤清效率，机油滤清器一般有三级，分别为机油集滤器、机油粗滤器和机油细滤器。集滤器装在机油泵前油底壳中，一般采用金属滤网式。机油粗滤器装在机油泵后面，和主油道串联，主要有金属刮片式、锯末滤芯式、微孔滤纸式几种，现在主要采用微孔滤纸式。机油细滤器装在机油泵后和主油道并联，主要有微孔滤纸式和转子式两种。转子式机油细滤器采用离心式滤清，没有滤芯，有效地解决了机油的通过性和滤清效率之间的矛盾。

牵张设备一般使用的是一次性的机油滤清器，如图 2–3–4 所示，设备操作人员应掌握该类型滤清器的更换技能和使用要求。

集滤器、转子式滤清器等其他类型滤清器的保养、更换由专业维修人员负责。

2. 机油滤清器的更换

一般来说，新发动机使用 30～50h 应更换滤清器，以后每工作 200～250h 或根据实际使用和污染情况适时更换。更换机油滤清器必须严格按照设备使用说明书规定的型号，严禁随意替代机油滤清器的更换步骤如下：

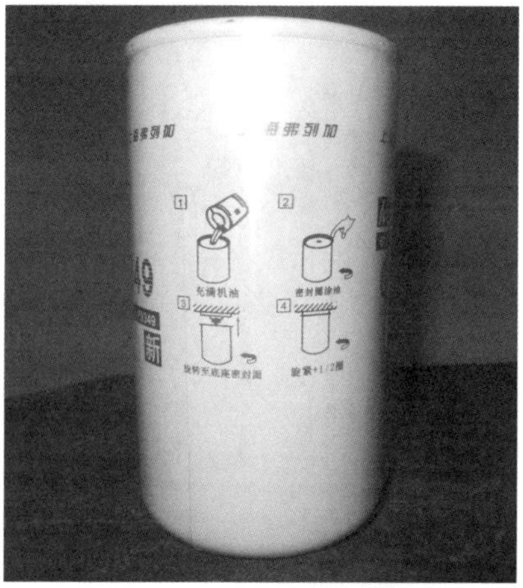

图 2–3–4　一次性机油滤清器

（1）使用专用扳手拆除牵张设备上的机油滤清器，滤清器内的油应倒入专用盛油容器里，按规定处理以免污染环境。

（2）在新滤清器的接口垫圈处涂抹机油。

（3）按说明书规定，用手将滤清器拧入、拧紧，再使用专用扳手拧入 3/4 圈。

（4）起动发动机，发动机运转正常，无漏油现象，滤清器更换完成。

三、空气滤清器

1. 空气滤清器简介

空气滤清器装在进气管的前方，起到滤除空气中灰尘、砂粒的作用，保证气缸中进入足量、清洁的空气。

按照滤清原理，空气滤清器可分为过滤式、离心式、油浴式、复合式几种。发动机中常用的空气滤清器主要有惯性油浴式空气滤清器、纸质干式空气滤清器、聚氨酯滤芯空气滤清器等几种。

惯性油浴式空气滤清器先后经过惯性式滤清、油浴式滤清、过滤式滤清三级滤清，后两种空气滤清器主要通过滤芯过滤式滤清。惯性油浴式空气滤清器具有进气阻力小，能适应多尘多沙的工作环境，使用寿命长等优点，以前在多种型号的发动机上采用。但这种空气滤清器滤清效率较低、重量大、成本高、维护不便，在发动机中已逐渐被淘汰。

纸质干式空气滤清器的滤芯采用经过树脂处理的微孔滤纸制成，滤纸多孔、疏松、折叠，有一定的机械强度和抗水性，具有滤清效率高、结构简单、重量轻、成本低、保养方便等优点，是目前应用最广泛的空气滤清器，如图 2–3–5 所示。

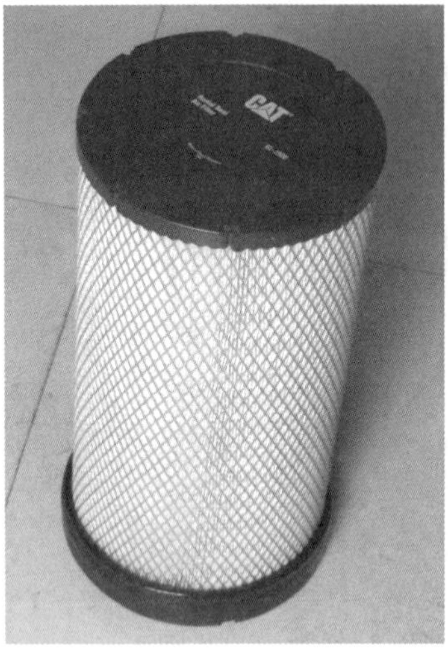

图 2-3-5 空气滤清器

聚氨酯滤芯空气滤清器的滤芯采用柔软、多孔、海绵状的聚氨酯制成，吸附能力强，这种空气滤清器具有纸质干式空气滤清器的优点，但机械强度低。

后两种空气滤清器的缺点是使用寿命较短，在恶劣环境条件下工作不可靠。

2. 空气滤清器的保养

（1）惯性油浴式空气滤清器。惯性油浴式空滤器在使用过程中应定期进行清洗，方法如下：

1）松开锁紧螺栓，将空气滤清器取下，注意用木塞或棉纱将进气管口堵上，以免灰尘落入。

2）旋开蝶形螺母，取下上盖和滤芯。

3）倒出外壳内废机油，清洗全部零件。

4）检查密封圈是否损坏，如有损坏应予更换。

5）用柴油清洗滤芯，洗净后吹干，再浸入机油中，取出、控尽多余机油，以免带入大量机油引起柴油机飞车事故。

6）向壳体加入新机油，油面高度应控制在标记范围，不得超出标记高度，因过多机油会吸入气缸，造成严重结炭结焦，甚至发生飞车事故。

7）保持密封圈良好的密封，不允许在没有密封圈情况下进行装配，否则滤清效果会降低。

（2）纸质干式空气滤清器。

1）纸滤芯不能放在油中清洗，否则纸滤芯会失效。

2）保养时，只能使用振动法、软刷刷除法（要顺着其皱折刷）或压缩空气反吹法清除附着在纸滤芯表面的灰尘、污物。

3）对粗滤器部分，应及时清除集尘部位、叶片和旋风管等处的灰尘。

3. 空气滤芯的更换

（1）惯性油浴式空气滤清器一般每工作 50h 检查保养一次，保养 4～5 次或使用 300h 后更换总成件。

（2）纸滤芯一般进行 4 次维护保养后应更换。若纸滤芯出现破裂、穿孔或者滤纸与端盖脱胶等问题，应立即更换。

（3）空气滤芯的更换应按照使用说明书的要求进行操作。在安装时，空气滤清器与发动机进气管之间无论是采用法兰、橡胶管连接还是直接连接，都必须严密可靠，防止漏气，滤芯两端面必须安装橡胶垫圈；固定空气滤清器外罩的翼形螺母不能拧得过紧，以免压坏纸滤芯。

四、液压油滤清器

1. 液压油滤清器简介

液压油滤清器用于滤除外部混入或系统运转中内部产生的固体杂质，主要安装在系统中的吸油管路、压力油路、回油管路、旁路，以及单独的过滤系统上。

液压油滤清器主要以不锈钢编织网、烧结网、铁编制网为材质，它使用的滤料主要是玻纤滤纸、化纤滤纸、木浆滤纸，如图 2-3-6 所示。

图 2-3-6　液压油滤清器

目前牵张设备使用的液压油滤清器基本都是可拆卸的。常见的更换形式有两种：一种是部分更换式滤清器，它固定在液压油箱下端，维护时通过拆卸滤清器密封端盖，仅更换其中的滤芯即可，如图 2-3-7 所示；另一种是整体更换式滤清器，安装在液压油路中段，类似于一次性的机油滤清器，维护时直接整体拆下后再安装上新的滤清器，如图 2-3-8 所示。

图 2-3-7　部分更换式液压油滤清器

图 2-3-8　整体更换式液压油滤清器

2. 液压油滤清器的更换

一般新机工作 300～500h 后应更换液压油和滤芯，以后每工作 1500h 或 18～24 个月更换一次。

液压油滤清器的更换步骤如下：

（1）整体式液压油滤清器的更换。

1）使用专用扳手拆除牵张设备上的液压油滤清器，滤清器内的油应倒入专用盛油容器里，按规定处理以免污染环境。

2）在新滤清器的接口垫圈处涂抹液压油。

3）按说明书规定，用手将滤清器拧入、拧紧，再使用专用扳手拧入 3/4 圈。

4）起动发动机，液压系统运转正常，无漏油现象，滤清器更换完成。

（2）分体式液压油滤清器的更换。

1）根据滤清器的结构，使用工具拆除、分解液压油滤清器，保养或更换新滤芯。滤清器内的油应倒入专用盛油容器里，按规定处理以免污染环境。

2）按拆除的相反程序，装复液压油滤清器。

3）起动发动机，液压系统运转正常，无漏油现象，滤清器更换完成。

【思考与练习】

1. 柴油滤清器的更换需要注意什么？
2. 机油滤清器的更换需要注意什么？
3. 空气滤清器的更换需要注意什么？
4. 液压油滤清器的更换需要注意什么？

模块 4　蓄电池的维护和使用（Z48D2004 Ⅰ）

【模块描述】本模块介绍蓄电池的维护和使用。通过对蓄电池使用要求的讲解，使操作人员熟悉蓄电池的防腐蚀措施、防亏电措施、防冻措施，掌握蓄电池拆卸和安装方法。

【模块内容】

一、蓄电池概述

蓄电池又叫电瓶，是电池的一种。它的工作原理就是把化学能转化为电能。

牵张设备常用的蓄电池有铅酸蓄电池和免维护蓄电池两种，如图 2–4–1 和图 2–4–2 所示。

图 2–4–1　铅酸蓄电池

图 2–4–2　免维护蓄电池

铅酸蓄电池的正极是二氧化铅，负极是铅，以稀硫酸溶液作为电解质。放电（使用）时，正、负极与硫酸反应生成硫酸铅，硫酸溶液浓度降到一定程度时，必须充电。用外电源充电时，可使电极和溶液恢复原状，经充电后便可继续使用。

铅酸蓄电池的主要优点是电压稳定、价格便宜；缺点是比能低（即每公斤蓄电池存储的电能）、使用寿命短和日常维护频繁。铅酸蓄电池单格电压是 2V。牵张设备常用的电压有 12V、24V。普通铅酸蓄电池在使用一段时间后要补充电瓶液。

免维护蓄电池由于自身结构上的优势，电瓶液的消耗量非常小，在使用寿命内基本不需要补充电瓶液。它还具有耐震、耐高温、体积小、自放电小的特点。使用寿命一般为普通蓄电池的 2 倍。

常见的免维护蓄电池也有两种：第一种在购买时一次性加电解液，以后使用中不需要维护（添加补充液）；另一种是电池本身出厂时就已经加好电解液并封死，用户根本就不能加补充液。

二、蓄电池的防腐蚀措施

（1）维护保养时，应仔细检查蓄电池外壳，观察有无电解液渗漏，如果发现渗漏应及时修理或更换。

（2）铅酸蓄电池正常操作及充电会导致电瓶内一些水被蒸发，这就需要经常对电瓶进行补液。补液前，首先应清洁加注口周围的污物，防止其落入电瓶格中，然后把加注口打开，加入适量的电瓶液，切勿加得过满（以高出隔板 10～15mm 为宜），否则电瓶放电/充电时，内部的电解液会从加注口的溢流孔溢出，造成对周围物体、环境的腐蚀破坏。

（3）电瓶补液不能加注电解液或饮用纯净水。如果加含硫酸的电解液，会使蓄电池内部电解液浓度增大，可能出现沸腾、酸雾等现象，腐蚀蓄电池壳体，严重影响蓄电池的使用寿命；如果用饮用纯净水代替蒸馏水使用，由于纯净水中含有多种微量元素，依然会对蓄电池有不良影响。

（4）及时清除蓄电池极桩接线柱外表的腐蚀物。外表出现了腐蚀物，接线柱内表面也会出现腐蚀现象，导致电阻值增大，影响蓄电池的正常充电和放电，必须及时处理。

三、蓄电池的防亏电措施

（1）切忌亏电存放。亏电状态是指电瓶使用后没及时充电，容易出现硫酸盐化，硫酸铅结晶物附在极板上，堵塞电离子通道，造成充电不足，电瓶容量下降。亏电状态闲置时间越长，电瓶损坏越严重。电瓶闲置不用时，应每月充电一次，这能延长电瓶使用寿命。

（2）定期检查和调整电解液的密度和液面高度。电解液的密度应保持在 1.2～1.3

（15℃），液面高度应高出隔板 10～15mm。

四、蓄电池的防冻措施

（1）蓄电池应在充足电的状态下使用，否则易造成电解液结冰，导致壳体破裂。

（2）加蒸馏水应在充电前进行。

（3）电解液浓度应在不结冰情况下应尽可能偏低，密度一般不大于 1.285。

（4）采取保温措施，使用合适的材料进行包裹、覆盖。

五、蓄电池保养的其他注意事项

（1）经常清除蓄电池盖上的污垢，冲洗盖上的电液，使加液盖上的通气孔畅通，清除电柱上和导线接头上的氧化物。

（2）经常检查蓄电池安装是否牢靠，导线接头与电池的连接要紧固。

（3）一般情况下蓄电池在夜间充电为佳，平均充电时间在 8h 左右。若是浅放电（闲置时间很短），电瓶很快就会充满，继续充电就会出现过充现象，导致电瓶失水、发热，降低电瓶寿命。

（4）蓄电池应减少高温曝晒。温度过高的环境会使蓄电池内部压力增加而使电瓶限压阀被迫自动开启，直接后果就是增加电瓶的失水量，而电瓶过度失水必然引发电瓶活性下降，加速极板软化，充电时壳体发热、壳体起鼓、变形等致命损伤。

六、蓄电池的更换注意事项

蓄电池进行拆卸和安装时，要注意拆装电源正负极的顺序。拆电瓶时应先拆负极，后拆正极。装电瓶时，反之。因为目前设备一般为负极搭铁，如果先拆正极（或后装正极），拆装工具与设备导电体触碰会造成短路（总电源未断开时）。

【思考与练习】

1. 牵张设备蓄电池的常用规格有哪些？
2. 蓄电池防腐蚀和防冻措施有哪些？
3. 蓄电池保养应注意什么？更换应注意什么？

◢ 模块 5　连接件的紧固和配合副的调整（Z48D2005Ⅱ）

【模块描述】本模块介绍牵张设备连接件的紧固和配合副的调整。通过对结构讲解和实例分析，使操作人员熟悉牵张设备常见连接件紧固和配合副调整的方法和要求。

【模块内容】

在张力放线设备中，固定连接主要指机件间的螺纹、键及过盈配合等可拆卸的连接方式，这些连接经过长时间的使用、修理和拆装，都会发生不同程度的松动、损伤或变形。在设备的使用、维护过程中，应注意对这些连接的检查，做好紧固和调整。

两构件直接接触并能产生相对运动的活动连接称为运动副。在张力机展放导线或牵引绳所使用的钳盘式尾车张力装置中，刹车盘与两侧的摩擦片即是一对平面运动副。如果调整得过紧，造成尾车张力过大，同时也加剧摩擦片磨损；反之，调整得过松，则尾车张力不足。尾车张力过大或不足直接影响到导线或牵引绳的正常展放，因此配合副必须调整合适。

以下分别介绍连接件的紧固和常用配合副（钳盘式尾车张力装置）的调整。

一、连接件的紧固

1. 螺纹连接的紧固

螺纹连接属于可拆卸的固定连接，具有结构简单、连接可靠、拆卸方便等特点，在机械设备中应用十分普遍，也是牵张设备最常用的连接方式。

螺纹连接件的紧固不仅要使用合适的工具、设备，还要按技术文件的规定施加适当的拧紧力矩。表 2–5–1 列出的是拧紧碳素钢螺纹件的标准力矩。

表 2–5–1　　拧紧碳素钢螺纹件的标准力矩（40 号钢）

螺纹尺寸/mm	M8	M10	M12	M14	M16	M18	M20	M22	M24
标准拧紧力矩/（N・m）	10	30	35	53	85	120	190	230	270

用扳手拧紧螺柱时，应视其直径的大小来确定是否使用套管加长扳手，尤其是直径在 20mm 以内时要注意用力的大小，以免损坏螺纹。

重要的螺纹连接件都有标准的拧紧力矩，安装时必须使用扭力扳手按规定拧紧螺柱。对成组螺纹连接的紧固，施力要均匀，按一定的次序轮流拧紧，如图 2–5–1 所示。如有定位装置（销）时，应该先从定位装置（销）附近开始。

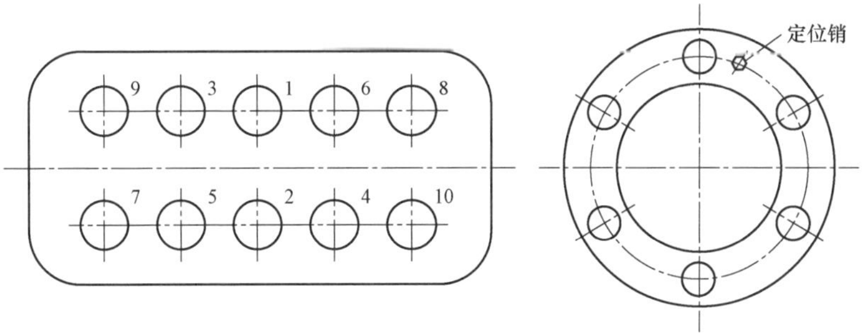

图 2–5–1　螺纹组拧紧顺序

螺纹连接中还应考虑其防松问题。一旦出现松脱，轻者会影响设备正常运转，重者会造成严重事故。因此，紧固时应采取有效的防松措施，防止螺纹连接松脱，保障连接的安全可靠。

螺纹连接的防松方法，按照其工作原理可分为摩擦防松、机械防松、铆冲防松等。常见的防松方法见表 2–5–2。

表 2–5–2　　螺纹连接常用的防松方法

防松方法		结构形式	特点和应用
摩擦防松	对顶螺母	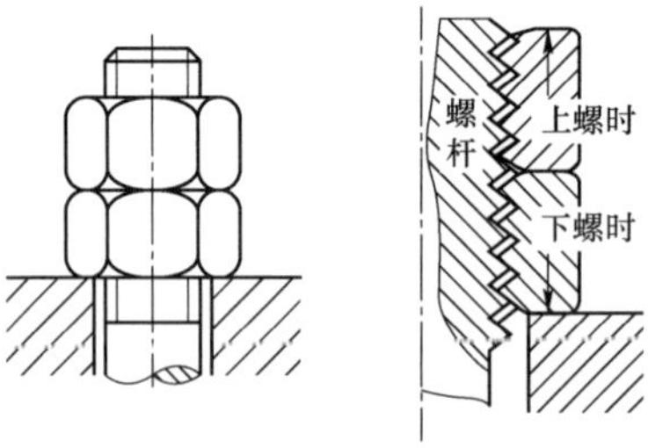	两螺母对顶拧紧后，使旋合螺纹间始终受到附加的压力和摩擦力的作用。工作载荷有变动时，该摩擦力依然存在，旋合螺纹间的接触情况如图所示，下螺母螺纹牙受力较小，其高度可小些，但为了防止装错，两螺母的高度取相等为宜。 结构简单，适用于平稳、低速和重载的连接
摩擦防松	弹簧垫圈	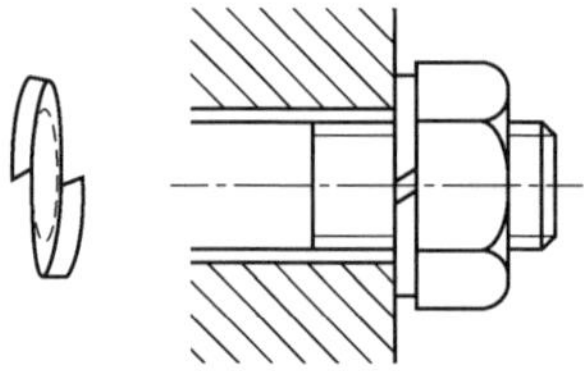	螺母拧紧后，靠垫圈压平而产生的弹性反力使旋合螺纹间压紧。同时垫圈斜口的尖端抵住螺母与被连接件的支承面也有防松作用。 结构简单，防松方便。但由于垫圈的弹力不均，在冲击、振动的工作条件下，其防松效果较差。一般用于不甚重要的连接
摩擦防松	自锁螺母	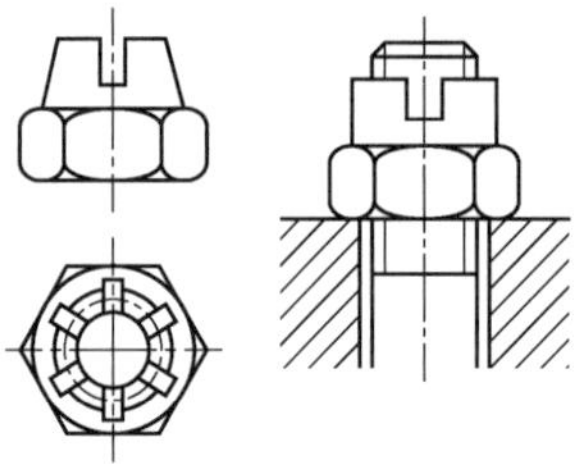	螺母一端制成非圆形收口或开缝后径向收口。当螺母拧紧后，收口张开，利用收口的弹力使旋合螺纹间压紧。 结构简单，放松可靠，可多次装拆而不降低防松性能。适用于较重要的连接
机械防松	开口销与槽型螺母	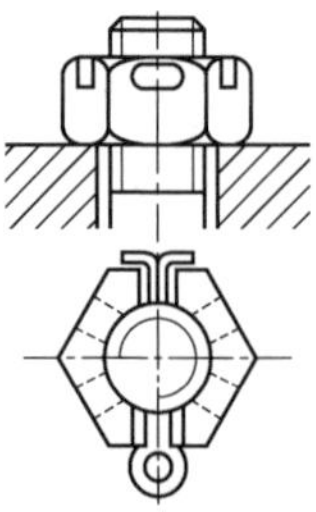	槽型螺母拧紧后将开口销穿入螺柱局部小孔和螺母的槽内。并将开口销尾部掰开与螺母侧面贴紧。也可用普通螺母代替槽型螺母，但需拧紧后再配钻孔。 适用于较大冲击、振动的高速机械间连接

续表

防松方法		结构形式	特点和应用
机械防松	止动垫圈	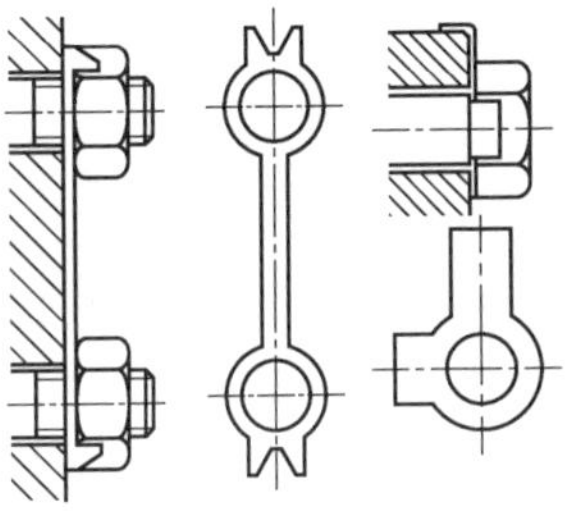	螺母拧紧后，将单耳或双耳止动垫圈分别向螺母和被连接件的两侧折弯贴紧，即可将螺母锁住。若两个螺母需要双联锁紧时，可采用双联止动垫圈，使两个螺母相互制动。 结构简单，使用方便，防松可靠
	串联钢丝	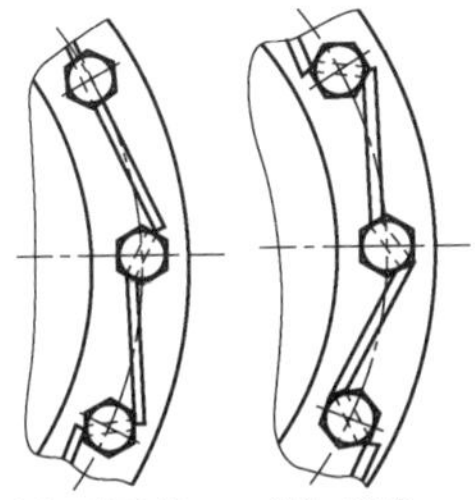 (a) 不正确　(b) 正确	用低碳钢丝穿入各螺钉头部的孔内，将各螺钉串联起来，使其相互制动。使用时必须注意钢丝的穿入方向（右图正确，左图错误）。 适用于螺钉组连接，防松可靠，但拆装不便
铆冲防松	端铆	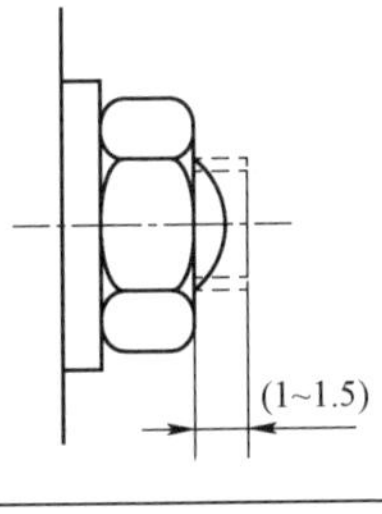	螺母拧紧后，把螺柱末端伸出部分铆死。防松可靠，但拆卸后连接件不能重复使用。适用于不需拆卸的特殊连接
	冲点	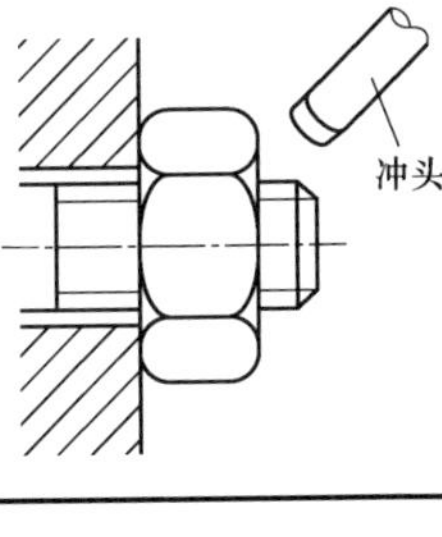	螺母拧紧后，利用冲头在螺柱末端与螺母的旋合缝处打冲，利用冲点防松。 防松可靠，但拆卸后连接件不能重复使用。适用于不需拆卸的特殊连接

牵张设备螺纹连接的紧固，尤其需注意的是减速器与马达、液压泵与发动机连接板、连接板与发动机处的紧固，如图 2-5-2 和图 2-5-3 所示。

图 2–5–2 减速器与马达的螺纹连接

图 2–5–3 泵与发动机等机构螺纹连接

2. 键连接的紧固

键是连接传递转矩的一种标准件，按结构特点和用途不同可分为松键、紧键和花键三种。

键在传递转矩过程中，长期受到挤压和剪切力的作用，容易产生键侧磨损变形、键槽挤压变形等，使键传递转矩大大减小，以至无法正常使用。

松键的紧固要在装前检查键侧直线度、键槽对称度。键体与键槽试装后，清理键和键槽毛刺，用铜棒垫着打入或用压力机压入。装配后要检查被装件的位置精度及键的配合情况，在非配合面键顶要留有间隙。

对于紧键的紧固要注意上下工作表面分别与轴槽、轮毂槽底部贴紧，在两侧留有间隙，用着色法检查表面接触情况，钩头和轴套件端面应留有一定间隙。

对于花键，紧固前应按图样检查相配件的尺寸精度，对于固定连接花键，若稍有过盈时，可用铜棒打入，过盈较大时应将套件加热到 80～120℃后热装。滑动连接花键装配后应滑动自如无阻滞，用手转动轴套时应没有晃动间隙的感觉。

3. 过盈连接件的紧固

过盈连接件属于不常拆卸连接，这种连接方式在振动和力的作用下有时会出现松动或断裂等失效形式。

过盈配合件的紧固方法要根据机械零部件的使用要求和过盈量大小选用合适的方法，常用的方法有压装法、热（冷）装法和液压套合法等。

（1）压装法。

1）加垫块敲击装入零件法，此法适用于精度要求低，配合长度短的过盈配合。

2）利用压力机压装零件法，这种方法导向性好，在机修中经常使用。

（2）热（冷）装法。这种方法多用于过盈量较大的配合。采用热（冷）装法时，将被装零件的孔加热膨胀以后把轴（未经加热）装入，冷却后即呈过盈配合连接状态。冷装法是用液氮或干冰将轴冷却缩小后装入孔（未经冷却）内，待温度均衡后达到过盈连接状态。

（3）液压套合法。对于有特殊要求的薄壁零件（如主轴的滚动轴承内、外圈）可在轴上加工出液压套合装配油路，用专用液压装置进行装配。

二、常用配合副的调整

在机械设备使用中，配合副的调整非常重要。如果各运动部件配合得不好，会加剧零件的磨损，减少设备的使用寿命。以下以钳盘式尾车张力装置为例，简要介绍配合副调整的重要性。

钳盘式尾车张力装置是配合张力机使用的部件，使用时安装于尾架上，起着产生尾车张力的作用。

（1）钳盘式尾车张力装置的结构组成。钳盘式刹车装置主要由框架、传动轴、衬套、刹车盘、摩擦片、调整螺栓等部件组成，如图 2–5–4 所示。

图 2–5–4　钳盘式刹车装置

（2）钳盘式尾车张力装置的工作原理。使用时，钳盘式尾车张力装置通过卡槽与尾架连接，摩擦片与尾架固定不动。传动轴与穿过绳盘的主轴相连接，绳盘主轴带动传动轴和刹车盘一起转动。当张力机向前吐线时，相对转动的刹车盘与摩擦片一直保持接触状态，产生摩擦阻力，从而形成尾车张力。当张力机停止吐线时，起到刹车的作用。

（3）刹车盘与摩擦片调整的方式与注意事项。

调整方式：

钳盘式尾车张力装置上有一处调整螺栓，当螺栓向内（右旋）旋转时，刹车盘与摩擦片的接触就更紧密，尾车张力增大，刹车效果增强；反之，向外（左旋）旋转时，尾车张力减小，刹车效果减弱。

刹车盘与摩擦片的调整标准是：绳盘既能顺利转动，又能产生合适的尾绳张力，停机时，又能稳妥刹车。

注意事项：

1）在刹车盘摩擦面上涂抹润滑脂。对经过使用，摩擦片上的润滑脂污垢严重时，应擦拭清洁后重新涂抹润滑脂，以保障润滑效果。

2）对磨损过大的摩擦片应及时更换。

3）根据钳盘式尾车张力装置的运转情况，适时对其进行调整。

【思考与练习】

1. 试列举两种牵张设备螺纹连接结构形式。
2. 试列举过盈配合件的紧固方法。
3. 刹车盘与摩擦片调整的方式与注意事项有哪些？

第三章

牵张设备常见故障排除

模块1　牵张设备易损件更换（Z48D3001Ⅱ）

【模块描述】本模块介绍牵张设备易损件的更换。通过要点讲解，熟悉电气、机械、液压系统中易损件的失效方式和报废标准，使操作人员掌握易损件的更换程序和方法。

【模块内容】

牵张设备上的易损件与牵张机的性能密切相关，直接影响到张力放线作业。在牵张设备的日常使用和保养中，应对易损件予以足够的重视。应熟悉电气、机械、液压系统中易损件的失效方式和报废标准，掌握易损件的更换技能。

一、牵引机排线拨叉（滑块）

牵引机上的拨叉容易磨损，一般分为铜制拨叉和铸铁拨叉两种，是常见的易损件。

牵引机排线拨叉，如图3–1–1所示，其作用是与排线丝杆配合，带动排线机构排线。一般可以松开拨叉后端背帽，通过调节弹簧，压紧拨叉与丝杠配合间隙，实现排线机构传动的需要。拨叉材质硬度小于丝杠材质硬度，避免了损伤排线丝杠。拨叉与丝杆不能正常配合实现排线作业时，一般情况下都是拨叉磨损过大造成的，此时应更换拨叉。为减轻拨叉的磨损，应在拨叉与排线丝杆上涂抹润滑油脂，并经常性地清理排线丝杆上的脏污，保持拨叉和排线丝杆之间的良好润滑。

图3–1–1　牵引机拨叉

更换拨叉时，使用工具拆除损坏的，更换新拨叉，如图3–1–2所示。

二、牵张机导向轮

牵张机导向轮与导线、牵引绳接触产生磨损，是常见的易损件。磨损的牵引机导向轮如图3–1–3所示，磨损的张力机导向轮如图3–1–4所示。

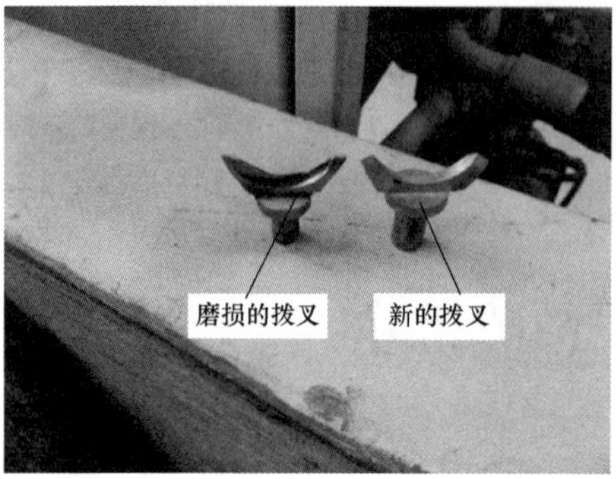

图 3–1–2 好坏拨叉对比

图 3–1–3 磨损的牵引机导向轮

图 3–1–4 磨损的张力机导向轮

牵张机的导向轮对导线或牵引绳起着支承和导向的作用，导向轮表面应完好无较大沟槽，且转动灵活。由于长期使用，导线或牵引绳磨损导向轮的表面，形成沟槽。其沟槽会损伤导线或牵引绳，沟槽越深，损害程度越大。导向轮不能灵活转动时，导向轮表面更易形成沟槽。因此，应对不能灵活转动的或产生沟槽磨损较严重的导向轮进行修复或更换。

牵引机铁质导向轮磨损有较大沟槽时，需更换或用 506 钢焊条焊补后抛光，焊补前应拆下两端轴承，避免轴承受高温损伤；张力机尼龙导向轮磨损后需更换，用 MC 工程尼龙棒加工，保持原有硬度。

对牵张机导向轮的滚动轴承，应适时加注润滑脂或润滑油，确保导向轮转动灵活。

三、绳盘主轴轴承

绳盘主轴上的轴承是标准件，也是易损件。导线轮主轴轴承如图 3–1–5 所示。

图 3–1–5 导线轮主轴轴承

绳盘主轴上的轴承起着支撑整个绳盘重量并使绳盘灵活转动的作用。

长期使用，轴承会损坏。轴承的损坏形式有：裂损，滚道剥落，滚子脱落、裂损，配合间隙过大等。

对于损坏的轴承，应及时更换。

在使用中的轴承，应适度加注润滑脂，保证润滑良好。

四、液压马达油管接头

液压马达上的液压油管接头常因运输、堆放时的挤压、碰撞而变形损坏。日常搬运时，应小心轻放，注意保护液压油管接头。在设备转运时，尾架液压马达上的液压油管接头用防尘盖盖好，避免污染或损伤。

液压油管接头损坏后，会造成油管不能顺利、可靠连接，或连接后漏油。损坏的油管接头应及时更换，如图 3–1–6、图 3–1–7 所示。

图 3–1–6　液压油管接头

图 3–1–7　液压马达油管接头

五、牵引绳盘主轴

牵引绳盘主轴通过两侧各四个支承定位销与牵引绳盘连接。此支承定位销既要支承整个绳盘的重量，又要带动绳盘转动。此支撑定位销与牵引绳盘十字臂焊接连接，工作中容易产生断裂、脱焊，是易损件。

对损坏的支承销，应及时进行修复。更换支承销时，要保证支承销和十字臂的配合适当（配合间隙和垂直度），焊接牢靠。

牵引机尾车主轴定位销如图 3–1–8 所示。

六、熔丝

牵张设备电气系统中各部分因功能和负载的不同分成数个电气支路。为安全起见，各个电气支路均配置相应的熔丝。由于各个电气支路因故障造成负载超标，会引起熔丝熔断，从而保护电路。熔丝是电气元件中最常见的易损件之一。

图 3–1–8 牵引机尾车主轴定位销

熔丝的损坏形式主要是熔断。更换熔丝不得以大代小，要换用相同规格的熔丝。熔丝的几种常见类型如图 3–1–9 所示。

(a) (b) (c) (d)

图 3–1–9 熔丝的几种常见类型

（a）陶瓷管状熔丝；（b）圆柱体状熔丝；（c）玻璃管状熔丝；（d）胶片状熔丝

七、开关

牵张设备上使用的开关数量较多，开关的作用是控制某个电气支路或电器元件。开关使用频繁，易出故障，属易损件，几种常见牵张设备开关如图 3–1–10 所示。

图 3–1–10 几种常见牵张设备开关

开关的损坏形式主要是结合不良、断开不彻底。损坏的开关必须更换，不得以小代大。

八、牵张机电位计

牵张设备上的某些参数（如张力机的张力调节、牵引机的牵引力调节等）是通过电位计来进行调控的。电位计是通过改变控制信号来实现牵张设备参数的调整。电位计是电子元件，能造成它损坏的因素较多，如非正常的操作、环境因素（如空气湿度大、露天存放等）等，是易损件。牵张设备常用电位计如图 3–1–11 所示。

图 3–1–11　牵张设备常用电位计

在工作过程中，电位计出现灵敏度差（如调节不连续、无反应等），不能对牵张机正常调控时，该电位计应更换。

更换电位计时，拆除旧件，更换新件，应注意正确、可靠连接接线桩头。

九、液压软管

液压软管用于牵张设备液压系统元件之间的连接，如图 3–1–12 所示。导线尾车马达和张力机的连接液压软管，由于经常拆装和搬运，比较容易损坏。液压软管的损坏形式一般有老化、破裂等。软管如果损坏，会造成液压油泄漏，影响系统正常工作。因此，对于损坏的液压软管，应及时更换。液压软管更换安装注意事项如下：

图 3–1–12　液压软管

（1）由于软管在高温下工作时寿命短，因此应安装在远离热源的地方。

（2）要避免急转弯，其弯曲半径 R 应大于 9～10 倍外径，至少应在离接头 6 倍直径处弯曲。

（3）软管的弯曲同软管接头的安装应在同一运动平面上，以防扭转。若软管两端的接头需在两个不同的平面上运动时，应在适当的位置安装夹子，把软管分成两部分，使每一部分在同一平面上运动。

（4）软管长度应有一定余量。因为软管受压时，要产生长度和直径的变化，因此在弯曲使用的情况下，不能马上从端部接头处开始弯曲。在直线使用的情况下，不要使端部接头和软管间受拉伸，所以要考虑长度上留有适当余量，使它比较松弛。

（5）在安装和工作时，软管不应有扭转现象；不应与其他管道接触，以免磨损破裂；在连接处应自由悬挂，以免受其自重影响而产生弯曲。

（6）导线尾车马达和张力机的连接液压软管，由于经常拆装和搬运，比较容易损坏，因此，要放置在专用铁质箱内，随牵张设备一起转运，防雨防晒，避免损伤。

【思考与练习】

1. 牵张设备常见的易损件有哪些？
2. 牵引机排线拨叉为什么是易损件，使用时应如何保养？
3. 熔丝更换的原则是什么？

模块2 牵张设备总成件的更换与维修（Z48D3002Ⅱ）

【模块描述】本模块介绍牵张设备总成件的更换方法。通过结构分析和实例讲解，使操作人员熟悉常见总成件的更换方法和要求，掌握常见总成件的拆卸和安装方法。

【模块内容】

牵张设备常见的总成件有液压泵、液压马达、液压油缸、各类控制阀、发动机、减速器、张力轮、牵引卷筒等。由于总成件价值较高，应以维修为主，更换为辅。但是，牵张设备很多总成件技术复杂，维修专业性强，应由专业修理人员负责实施。

对于无法维修或无修复价值的总成件，应采取更换的方式。总成件的更换分为拆卸和安装两个阶段。

一、总成件拆卸

1. 设备总成件拆卸的一般规则和要求

机械设备总成件拆卸前，必须周密计划，对可能遇到的问题有所估计，做到有步骤地进行拆卸，一般应遵循下列规则：

（1）拆卸前的准备工作。

1）拆卸场地的选择与清理。拆卸前选择的工作地点，应无风沙、无尘土，可避免闲杂人员频繁出入。对拆卸地点进行清理，保证工作场地的整洁。机械设备进入拆卸地点之前应进行外部清洗。

2）保护措施。在清洗机械设备外部之前，应对电气设备和易氧化、锈蚀的零件采取相应的保护措施。

3）拆前放油。在机械设备总成件拆卸前，对于需要放油的作业，应提前实施。

4）了解机械设备的结构、性能和工作原理。为避免拆卸工作中的盲目性，确保修理工作的正常进行，在拆卸前，应详细了解机械设备总成件各方面的状况，熟悉其各个部分的结构特点、传动方式，以及零部件的结构特点和相互间的配合关系，明确其用途和相互间的影响，以便合理安排拆卸步骤和选用适宜的拆卸工具或设施。

（2）拆卸的一般规则。

1）根据机械设备的结构特点，选择合理的拆卸步骤。

2）合理拆卸。在机械设备的修理拆卸中，应坚持能不拆的就不拆，该拆的必须拆的原则。

3）正确使用拆卸工具和设备。

2. 总成件拆卸时的注意事项

拆卸总成件时应考虑到其后的装配，注意事项如下：

（1）对拆卸零件要做好核对工作或做好记号。

（2）分类存放零件。对拆卸下来的零件存放应遵循如下原则：同一总成或同一部件的零件应尽量放在一起，根据零件的大小与精密度分别存放，不应互换的零件要分组存放，怕脏、怕碰的精密零部件应单独拆卸与存放，怕油的橡胶件不应与带油的零件一起存放，易丢失的零件，如垫圈、螺母要用铁丝串在一起或放在专门的容器里，各种螺柱应装上螺母存放。

（3）保护拆卸零件的加工表面。在拆卸的过程中，不能损伤零件的加工表面，否则会引起漏气、漏油、漏水等故障，导致机械设备的技术性能降低。

二、总成件安装

1. 总成件安装的一般规则和要求

总成件安装必须根据机械设备的性能指标，严格地按照技术规范进行。做好充分周密的准备工作，正确选择并熟悉和遵从装配工艺是机械设备修理装配的两个基本要求。

（1）研究和熟悉各部件总成装配图和有关技术文件与技术资料。了解其结构特点，各零部件的作用，各零部件的相互连接关系及其连接方式。对于那些有配合要求、运动精度较高或有其他特殊技术条件的零部件，应予以特别的重视。

（2）根据零部件的结构特点和技术要求，确定合适的装配工艺、方法和程序，准备好必备的工具、量具、夹具和材料。

（3）按清单清理检测各备装零件的尺寸精度与制造或修复质量，核查技术要求，凡有不合格者一律不得装配。对于螺柱、键及销等标准件稍有损伤者，应予以更换，不得勉强留用。

2. 安装的一般工艺原则

安装时的顺序应与拆卸顺序相反。要根据零部件的结构特点，采用合适的工具或设备，严格仔细按顺序装配，装配时注意零部件之间的方位和配合精度要求。

3. 常见的液压总成件的安装

（1）液压阀安装。液压阀类元件的安装方法和具体要求，在产品说明书中通常都有详细的说明，安装时必须加以注意。现介绍安装时应注意的事项。

安装前，对拆封的液压阀类元件要先查验合格证书和审阅说明书，如果是手续完备的合格产品，又不是长期露天存放、内部已经锈蚀了的产品，不需要另做任何试验，也不建议重新清洗拆装。试车时出了故障，要准确判断故障点，不得已时才对元件重新拆装，尤其对国外产品更不允许随意拆装，以免影响产品出厂时的精度。

安装阀类元件时，还应注意以下几点：

1）安装时应注意各阀件进油口和回油口的方位。

2）用法兰安装的阀件，螺钉应均匀拧紧而且不能拧得过紧，过紧有时也会造成密封不良。

3）有些阀件为了制造、安装方便，往往开有相同作用的两个孔，安装后不用的一个要堵死。

（2）液压缸安装。液压缸的安装应扎实可靠。配管连接不得有松弛现象，缸的安装面与活塞的滑动面应保持合格的平行度和垂直度。安装液压缸应注意以下事项：

1）对于脚座固定式的移动缸的轴线应与负载作用力的中线同轴，以避免引起侧向力，侧向力容易使密封件磨损及活塞损坏。

2）安装液压缸体的密封压盖螺栓，其拧紧程度以保证活塞在全行程上移动灵活、无阻滞和轻重不均匀的现象为宜。螺栓拧得过紧，会增加阻力，加速磨损；过松会引起漏油。

（3）液压泵的安装。安装液压泵应注意以下事项：

1）液压泵的进口、出口和旋转方向应符合泵上标明的要求，不得反接。

2）安装联轴器时，不要用力敲打泵轴以免损伤泵转子。

3）液压泵输入轴与联轴器的同轴度应符合要求。

（4）液压辅助元件的安装。液压系统的辅助元件包括过滤器、蓄能器、油箱、冷却和加热器、密封装置以及压力计、压力开关等。辅助元件在液压系统中起辅助作用，但如果安装不合理、不到位，同样会影响液压系统的正常工作。

液压辅助元件的安装主要注意下述几点：

1）应严格按照设计要求的位置进行安装并注意整齐、美观。

2）安装前应用煤油进行清洗、检查。

3）在符合设计要求情况下，尽可能考虑使用、维修方便。

【思考与练习】

1. 试简述总成件拆卸的一般规则和要求。
2. 试简述总成件安装的一般规则和要求。
3. 试简述液压辅助元件的安装注意事项。

模块 3　牵引机常见故障判断及处理（Z48D3003Ⅲ）

【模块描述】本模块介绍牵引机常见故障判断及处理方法。通过对牵引机常见故障特征的讲解，使操作人员熟悉牵引机的常见故障原因判断和排除方法。

【模块内容】

一、牵引机故障判断的一般思路及原则

牵引机一般常年在野外露天作业，工作环境比较恶劣，保养条件有限，机械故障难以避免。作为设备的操作人员，了解设备的常见故障及原因，掌握排除方法和技能。对于操作人员不能排除的故障，应能正确描述设备故障现象，与专业维修人员准确沟通，以利于故障原因的判断和故障的排除。

故障的判断，是以故障症状的外部表现为依据的。例如：动力下降，容易熄火或不能起动，仪表指示异常、异响、渗漏、温度过高等。判断故障时，要通过看、听、摸、闻等各种手段来发现各种症状。在进行牵引机机故障判断和处理前，还应掌握一定的基本知识：

（1）要了解牵引机构造原理。牵引机是由许多零部件组成的一个整体。判断故障，应当熟悉该型牵引机的构造与工作原理，然后结合所出现的现象进行分析、检查，才能迅速准确地查出故障。

（2）查找原因时，还要考虑其他因素的影响。

1）要考虑设计制造的影响。由于设计制造方面存在缺陷，以致在某一时期某一部件损坏频繁。

2）要考虑配件质量的影响。同一时期购买的配件，产品质量不一定相同。

3）要考虑燃油、机油品质的影响。使用规格不符合要求的燃油、机油也是引起故障的原因之一。例如：发动机在夏季使用低于规定牌号的机油，由于油质较稀，容易造成机油压力过低。

4）要考虑环境条件的影响。例如：在灰尘较大的环境下工作，空气滤清器就容易堵塞，液压油也容易被污染。

5）要考虑人为因素的影响。由于操作人员错误操作或者在维修保养过程中，技

术不够熟练或疏忽大意，造成人为故障。判断这种故障时，要询问当事人工作的过程，并结合原理分析可能出错的原因和部位，以便顺利地查出故障。

（3）在寻找故障时，一时不能做出准确判断的，要按照合理的顺序进行检查。牵引机故障判断的一般原则是：结合原理，联系实际，通过现象，按部分段，从简到繁，由表及里，先小后大，先易后难。

二、发动机故障现象及一般判断方法

发动机的故障原因是多方面的，不同故障所表现的现象也是不同的，要排除故障，就要求我们通过表面现象，利用看、听、摸、闻等手段，结合原理和经验，查明故障的确切原因。

发动机的故障表现有以下几种：

（1）异常声响：异常敲击声、摩擦声。

（2）动作异常：功率不足、工作不稳、不易起动、加速缓慢等。

（3）排烟异常：发动机冒白烟、黑烟、蓝烟。

（4）温度异常：冷却水温度过高，缸温和机油温度过高。

（5）气味异常：胶皮烧煳味、烟味等。

（6）压力异常：机油压力过高或过低。

（7）外观异常：如漏油、漏水、漏电、漏气等。

当发动机出现上述现象，不可在未查清故障原因之前盲目拆卸，以免重新装配时造成新的故障。往往一种故障有几种现象或是一种现象由几种故障造成的。我们必须仔细地分析判断，遵循原则，找出故障原因和部位。在实际工作中，我们可以通过一些经验的方法，简便、快速、准确地找出故障原因。

（1）听诊法：利用自制的听诊器来判别异常响声。用一根半米左右的细钢棍，一头磨尖，触到需检查部位表面，另一头做成圆形，贴在耳朵上，可以清晰地听到异响产生的部位。有时，也可以用较长的螺钉旋具来当听诊器。

（2）部分停止法：如果经分析怀疑某一部位有问题，可使该部位局部停止工作，看故障是否消失，从而判别故障原因。

（3）比较法：如怀疑故障是由某一零部件引起的，可将新的零部件换上，然后比较前后工作状况是否有变化，从而找出故障原因。

（4）试探法：用改变部分工作状态和技术标准的方法，来观察发动机工作性能的变化，判别故障原因。

三、液压系统的故障特点和一般诊断方法

1. 液压系统中常见的不利现象

液压系统大部分故障并非突然发生，总有一些预兆，如污染、泄漏、振动和噪声、

冲击、气穴、爬行和温升等。它们发展到一定程度即产生故障。如果这些不利现象能及时发现，并加以控制和排除，系统的故障就可以相对减少。

2. 液压传动故障特点

在液压系统中，液压部件的机构和油液几乎都在封闭的壳体和管道内，这就造成液压故障诊断不同于其他传动故障的特点。当故障发生后，不能像机械故障那样直接观察到，而要测量液压系统的故障参数和性能又不如电气故障检测那样方便，液压管路的拆装常是一件麻烦的事；此外，一个故障的出现可以有多个原因，一个原因又可以引起多个故障现象。因此，“状态不易观察，参数不易检测，故障不易分离”的特点，使得液压故障诊断成为液压维修中的一个难题。

3. 故障类型

从故障发生部位来分，可以分为管路故障和元件故障两类。管路故障发生次数较多，大部分由外部原因引起，如工作中外来物体碰砸等，少部分由安装不当引起。元件故障发生次数相对较少，多是由于污染、密封失效和元件内在原因引起。

从故障性质分，可分为机械性故障、电气性故障、流体性故障。其中流体性故障是液压故障的主要类型，它又分为容腔性故障和阻滞性故障。容腔性故障是因工作容腔密封性破坏引起的故障。它的主要现象是压力失常。阻滞性故障是因流通通道阻塞而引起的故障。它的表现是流量失常。两种故障有时往往交织在一起，如溢流阀因主阀小孔阻塞形成的阻滞性故障又会使阀处于常开状态而出现容腔性故障。

4. 故障产生的主要原因

故障尽管表现形式多种多样，产生原因也多是许多因素的综合影响所致。但是，一般可归纳为三个主要原因：① 维护保养不当；② 零部件损坏；③ 设计不完善或不合理。

5. 故障诊断的主要方法

（1）“四觉”诊断法，是运用视觉、听觉、嗅觉、触觉获取故障信息，进而分析诊断故障的方法。我们有一种感受，一些看来很复杂的问题，其实不过是一些普通的故障，关键在于能否觉察到故障系统所提供的明显征兆。尽管有些现象是难以捉摸的，需要进一步使用仪表检测，但许多故障信息能通过感官清晰地感觉到。

（2）压力检测诊断法，是一种故障源诊断方法。这种方法要求主机停止工作，根据系统故障现象，判断故障源所在位置范围，把故障源缩小到最小范围，然后按油路连接关系进行必要的压力检测，分析推理，判断故障所在。

（3）仪器仪表检测法，是一种通过故障测试器、流量计、压力计等先进设备诊断故障的方法。

（4）计算机系统诊断法，是一种通过专家系统诊断程序，利用各种信息来判断故障的方法。

四、牵引机常见故障及排除

牵引机常见故障现象、可能原因及处理方法见表 3–3–1。

表 3–3–1　　牵引机常见故障现象、可能原因及处理方法

故障现象	可能原因	处理方法
发动机起动困难、运行不稳、运转无力等	1. 蓄电池故障。 2. 起动机故障。 3. 起动线路故障。 4. 空气滤芯堵塞。 5. 低压油路故障。 6. 高压油路故障。 7. 发动机机械故障	1. 检查蓄电池是否亏电，桩头连接是否紧固。 2. 检查起动机是否完好。 3. 检查起动线路和控制开关是否完好。 4. 检查空气滤清器是否完好。 5. 检查燃油箱油平面、燃油滤芯是否完好、油路密封情况，以及输油泵是否完好。 6. 检查喷油嘴、喷油泵是否完好，以及供油时间。 7. 检查发动机气缸工作完好情况
发动机指示仪表无显示或显示不正常	1. 接线松动，线路故障。 2. 传感器故障。 3. 仪表损坏	1. 检查仪表接线有无松动，线路是否完好。 2. 检查对应的传感器，按需更换。 3. 更换损坏仪表
仪表箱内指示灯无显示	1. 指示灯坏。 2. 线路连接不良，保险损坏。 3. 开关损坏	1. 更换指示灯。 2. 检查线路保险，适当处理。 3. 更换开关
液压支腿失灵	1. 支腿油路压力低。 2. 支腿操纵阀失灵。 3. 液压锁失灵。 4. 液压油缸损坏	1. 检修调压阀及相关控制电路电器、液压泵。 2. 检修或更换操纵阀。 3. 检修或更换液压锁。 4. 检修液压油缸
牵引机牵引力不足	1. 牵引系统油路压力低。 2. 液压马达损坏。 3. 制动分离不彻底。 4. 传动部分损坏。 5. 发动机功率不足	1. 检修调压阀及相关控制电路电器、液压泵。 2. 检修或更换液压马达。 3. 检修制动器及其控制系统。 4. 检修减速器、齿轮副等传动机构。 5. 检修发动机
补油压力偏低	1. 液压油滤芯堵塞。 2. 液压油的油温偏高、黏度偏低。 3. 液压油路内泄。 4. 补油回路调压阀失灵。 5. 液压泵损坏	1. 检查液压油滤芯，按需更换。 2. 检修液压油散热系统，按需更换液压油。 3. 检修液压油路。 4. 检修调压阀。 5. 检修液压泵
牵引力不能预调 1. 制动选择开关置于“制动位”，主泵控制手柄置于“牵引位”，卷筒仍可转动	这是由刹车装置及其控制部分故障引起的。 1. 刹车选择开关故障。 2. 刹车控制电路故障。 3. 刹车控制电磁换向阀故障。 4. 刹车装置部分故障	1. 检修刹车选择开关，按需更换。 2. 检修刹车控制电路。 3. 检修刹车控制电磁换向阀（多为电磁线圈损坏导致），按需更换。 4. 检修刹车装置

续表

故障现象		可能原因	处理方法
牵引力不能预调	2. 制动选择开关置于“制动位”，预调开关置于“预调开”，主泵控制手柄置于“牵引位”，主压力表指示值为最高压力，不受预调阀调整影响	这是由预调选择控制部分故障引起的。 1. 预调选择开关故障。 2. 预调控制电路故障。 3. 预调控制电磁换向阀故障	1. 检修预调选择开关，按需更换。 2. 检修预调控制电路。 3. 检修预调控制电磁换向阀（多为电磁线圈损坏导致），按需更换
	3. 制动选择开关置于“制动位”，预调开关置于“预调开”，主泵控制手柄置于“牵引位”，主压力表指示值为较低压力，不受预调阀调整影响	这是由预调阀故障引起的。即预调阀失压	清洗保养预调阀，必要时更换
不能牵引操作	1. 牵引操作时，卷筒不动，压力表指示值升高（牵引轮抱死，但主泵有压力输出）	1. 牵引工况切换与刹车开启不能实现联动。 2. 卷筒驱动传动环节故障	1. 检查继电器、手柄及相关电路连接，按需更换继电器、主泵控制手柄。 2. 检查液压马达、制动器、卷筒轴承、减速器、齿轮副等，视情排除
	2. 牵引操作时，卷筒不动，压力表指示值为补油压力左右	1. 夹紧装置未退回到位。 2. 夹紧装置行程开关损坏。 3. 夹紧装置开关控制电路故障	1. 检查夹紧装置是否退回到位。 2. 更换夹紧装置行程开关。 3. 检修夹紧装置开关控制电路
	3. 牵引操作时，空载时牵引轮不动，承载时牵引轮反向转动（松线方向），压力表指示值为补油压力左右	1. 控制主泵排量的电磁换向阀故障。 2. 主泵控制手柄损坏。 3. 主泵控制手柄输出至主泵电磁换向阀之间的电路故障	1. 更换电磁线圈或换向阀。 2. 检修手柄，必要时更换。 3. 检修控制电路、电器元件
散热系统失灵		1. 散热系统压力不足。散热系统调压阀及其控制电气元件、线路故障，油泵损坏。 2. 散热油马达损坏	1. 保养调压阀，必要时更换。检修控制电路。检修散热（支腿）油泵。 2. 检修散热油马达，必要时更换
尾车（辅助系统）故障	1. 尾车升降失灵。举升和下降失控	1. 系统压力不足。 2. 控制开关、电路、电磁阀故障。 3. 控制油缸下降调速阀故障。 4. 举升油缸损坏	1. 保养调压阀、插装主阀，检修辅助油泵及其进油油路。 2. 检修控制开关、电路、电磁阀。 3. 检修油缸调速阀。 4. 检修举升油缸
	2. 尾车不排线	1. 系统压力不足。 2. 控制开关、电路、电器、电磁阀故障。 3. 丝杆传动部分故障。 4. 排线油马达故障	1. 保养调压阀、插装主阀，检修辅助油泵及其进油油路。 2. 检修控制开关、电路、电器元件、电磁阀。 3. 检修传动部分（丝杆弯曲、衬套损坏、润滑不良）。 4. 检修排线油马达
	3. 尾车不转动	1. 系统压力不足。 2. 控制开关、电路、电磁阀故障。 3. 尾车制动器故障。 4. 油马达、减速器、链条传动部分损坏	1. 保养调压阀、插装主阀，检修辅助油泵及其进油油路。 2. 检修控制开关、电路、电器元件、电磁阀。 3. 检修尾车制动器及其控制油路。 4. 检修油马达、减速器、链条传动装置

续表

故障现象		可能原因	处理方法
夹紧油缸不动作		1. 尾绳张力偏低（尾车压力低于5MPa)。 2. 开关或电磁换向阀故障。 3. 线路故障	1. 调高尾车压力至 5MPa 以上。 2. 检修开关和电磁换向阀，必要时更换。 3. 检修线路
漏油	1. 油管漏油	1. 油管接头松动。 2. 油管接头密封垫圈损坏。 3. 油管扣压不牢。 4. 油管破损、老化	1. 紧固油管接头。 2. 更换密封件。 3. 重新压接油管接头。 4. 更换油管
	2. 液压元件漏油	1. 密封件损坏。 2. 液压元件本体裂损	1. 更换密封件。 2. 修复或更换液压元件
异响	1. 随传动件运转，有规律的周期性摩擦声，异响与传动件的受力大小无关	运动件和其护罩干涉	整修处理外罩
	2. 随传动件运转，有规律的周期性敲击声。异响与传动件的受力大小有关（受力越大，响声越大）	1. 传动副啮合不良。 2. 传动件与其相关的连接件松动	1. 检修和调整传动副。 2. 紧固连接件
	3. 随传动件运转，异响无规律，与传动件的受力大小有关	1. 传动件支承轴承损坏。 2. 润滑不良	1. 更换轴承。 2. 润滑保养轴承
	4. 液压泵异响	1. 液压泵损坏。 2. 进油油路（滤芯）堵塞	1. 检修液压泵。 2. 检修油路，更换滤芯

【思考与练习】

1. 试简述牵引轮抱死无法工作的可能原因及处理方法。
2. 试简述尾车收线盘不动作的可能原因及处理方法。
3. 试简述液压支腿失灵的可能原因及处理方法。
4. 试简述牵引力正常增大时发动机熄火的可能原因及处理方法。

模块 4 张力机常见故障判断及处理（Z48D3004Ⅲ）

【模块描述】本模块介绍张力机常见故障判断及处理方法。通过对张力机常见故障特征的讲解，使操作人员熟悉张力机的常见故障原因判断和排除方法。

【模块内容】

一、张力机故障判断的一般思路及原则

张力机一般常年在野外露天作业，工作环境比较恶劣，保养条件有限，机械故障

难以避免。作为设备的操作人员，了解设备的常见故障及原因，掌握排除方法和技能。对于操作人员不能排除的故障，应能正确描述设备故障现象，与专业维修人员准确沟通，以利于故障原因的判断和故障的排除。

故障的判断是以故障症状的外部表现为依据的。例如动力下降，容易熄火或不能起动，仪表指示异常、异响、渗漏、温度过高等。判断故障时，要通过看、听、摸、闻等各种手段来发现各种症状。在进行张力机故障判断和处理前，还应掌握一定的基本知识：

（1）要了解张力机构造原理。张力机是由许多零部件组成的一个整体。判断故障，应当熟悉该型张力机的构造与工作原理，然后结合所出现的现象进行分析、检查，才能迅速准确地将故障查出。

（2）查找原因时，还要考虑其他因素的影响。

1）要考虑设计制造的影响。由于设计制造方面存在的缺陷，以致在某一时期某一部件损坏频繁。

2）要考虑配件质量的影响。同一时期购买的配件，产品质量不一定相同。

3）要考虑燃油、机油品质的影响。使用规格不符合要求的燃油、机油也是引起故障的原因之一。例如发动机在夏季使用低于规定牌号的机油，由于油质较稀，容易造成机油压力过低。

4）要考虑环境条件的影响。例如在灰尘较大的环境下工作，空气滤清器就容易堵塞，液压油也容易被污染。

5）要考虑人为因素的影响。由于操作人员错误操作或者在维修保养过程中，技术不够熟练或疏忽大意，造成人为故障。判断这种故障时，要询问当事人工作的过程，并结合原理分析可能出错的原因和部位，以便顺利地查出故障。

（3）在寻找故障时，一时不能做出准确判断的，要按照合理的顺序进行检查。张力机故障判断的一般原则是：结合原理，联系实际，通过现象，按部分段，从简到繁，由表及里，先小后大，先易后难。

二、发动机故障现象及一般判断方法

发动机的故障原因是多方面的，不同故障所表现的现象也是不同的，要排除故障，就要求我们通过表面现象，利用看、听、摸、闻等手段，结合原理和经验，查明故障的确切原因。

发动机的故障表现有以下几种：

（1）异常声响：异常敲击声、摩擦声。

（2）动作异常：功率不足、工作不稳、不易起动、加速缓慢等。

（3）排烟异常：发动机冒白烟、黑烟、蓝烟。

（4）温度异常：冷却水温度过高，缸温和机油温度过高。

（5）气味异常：胶皮烧煳味、烟味等。

（6）压力异常：机油压力过高或过低。

（7）外观异常：如漏油、漏水、漏电、漏气等。

当发动机出现上述现象，不可在未查清故障原因之前盲目拆卸，以免重新装配时造成新的故障。往往一种故障有几种现象，或是一种现象由几种故障造成的。我们必须仔细地分析判断，遵循原则，找出故障原因和部位。在实际工作中，我们可以通过一些方法，简便、快速、准确地找出故障原因。

（1）听诊法：利用自制的听诊器来判别异常响声。用一根半米左右的细钢棍，一头磨尖，触到需检查部位表面，另一头做成圆形，贴在耳朵上，可以清晰地听到异响产生的部位。有时，也可以用较长的螺钉旋具来当听诊器。

（2）部分停止法：如果经分析怀疑某一部位有问题，可使该部位局部停止工作，看故障是否消失，从而判别故障原因。

（3）比较法：如怀疑故障是由某一零部件引起的，可将新的零部件换上，然后比较前后工作状况是否有变化，从而找出故障原因。

（4）试探法：用改变部分工作状态和技术标准的方法，来观察发动机工作性能的变化，判别故障原因。

三、液压系统的故障特点和一般诊断方法

1. 液压系统中常见的不利现象

液压系统大部分故障并非突然发生，总有一些预兆，如污染、泄漏、振动和噪声、冲击、气穴、爬行和温升等。它们发展到一定程度即产生故障。如果这些不利现象能及时发现，并加以控制和排除，系统的故障就可以相对减少。

2. 液压传动故障特点

在液压系统中，液压部件的机构和油液几乎都在封闭的壳体和管道内，这就造成液压故障诊断不同于其他传动故障的特点。当故障发生后，不能像机械故障那样直接观察到，而要测量液压系统的故障参数和性能又不如电气故障检测那样方便，液压管路的拆装常是一件麻烦的事；此外，一个故障的出现可以有多个原因，一个原因又可以引起多个故障现象。因此，“状态不易观察，参数不易检测，故障不易分离”的特点，使得液压故障诊断成为液压维修中的一个难题。

3. 故障类型

从故障发生部位来分，可以分为管路故障和元件故障两类。管路故障发生次数较多，大部分由外部原因引起，如工作中外来物体碰砸等，少部分由安装不当引起。元件故障发生次数相对较少，多是由于污染、密封失效和元件内在原因引起。

从故障性质分，可分为机械性故障、电气性故障、流体性故障。其中流体性故障是液压故障的主要类型，它又分为容腔性故障和阻滞性故障。容腔性故障是因工作容腔密封性破坏引起的故障。它的主要现象是压力失常。阻滞性故障是因流通通道阻塞而引起的故障。它的表现是流量失常。两种故障有时往往交织在一起，如溢流阀因主阀小孔阻塞形成的阻滞性故障又会使阀处于常开状态而出现容腔性故障。

4. 故障产生的主要原因

故障尽管表现形式多种多样，产生原因也多是许多因素的综合影响所致。但是，一般可归纳为三个主要原因：① 维护保养不当；② 零部件损坏；③ 设计不完善或不合理。

5. 故障诊断的主要方法

（1）“四觉”诊断法，是运用视觉、听觉、嗅觉、触觉获取故障信息，进而分析诊断故障的方法。我们有一种感受，一些看来很复杂的问题，其实不过是一些普通的故障，关键在于能否觉察到故障系统所提供的明显征兆。尽管有些现象是难以捉摸的，需要进一步使用仪表检测，但许多故障信息能通过感官清晰地感觉到。

（2）压力检测诊断法，是一种故障源诊断方法。这种方法要求主机停止工作，根据系统故障现象，判断故障源所在位置范围，把故障源缩小到最小范围，然后按油路连接关系进行必要的压力检测，分析推理，判断故障所在。

（3）仪器仪表检测法，是一种通过故障测试器、流量计、压力计等先进设备诊断故障的方法。

（4）计算机系统诊断法，是一种通过专家系统诊断程序，利用各种信息来判断故障的方法。

四、张力机常见故障及排除

张力机常见故障现象、可能原因及处理方法见表 3–4–1。

表 3–4–1　张力机常见故障现象、可能原因及处理方法

故障现象	可能原因	处理方法
发动机起动困难、运行不稳、运转无力等	1. 蓄电池故障。 2. 起动机故障。 3. 起动线路故障。 4. 空气滤芯堵塞。 5. 低压油路故障。 6. 高压油路故障。 7. 发动机机械故障	1. 检查蓄电池是否亏电，桩头连接是否紧固。 2. 检查起动机是否完好。 3. 检查起动线路和控制开关是否完好。 4. 检查空气滤清器是否完好。 5. 检查燃油箱油平面、燃油滤芯是否完好、油路密封情况，以及输油泵是否完好。 6. 检查喷油嘴、喷油泵是否完好，以及供油时间。 7. 检查发动机气缸工作完好情况

续表

故障现象	可能原因	处理方法
发动机指示仪表无显示或显示不正常	1. 接线松动，线路故障。 2. 传感器故障。 3. 仪表损坏	1. 检查仪表接线有无松动，线路是否完好。 2. 检查对应的传感器，按需更换。 3. 更换损坏仪表
仪表箱内指示灯无显示	1. 指示灯坏。 2. 线路连接不良，保险损坏。 3. 开关损坏	1. 更换指示灯。 2. 检查线路保险，适当处理。 3. 更换开关
液压支腿失灵	1. 支腿油路压力低。 2. 支腿操纵阀失灵。 3. 液压锁失灵。 4. 液压油缸损坏	1. 检修调压阀及相关控制电路电器、液压泵。 2. 检修或更换操纵阀。 3. 检修或更换液压锁。 4. 检修液压油缸
张力机回卷力不足	1. 牵引系统油路压力低。 2. 液压马达损坏。 3. 制动分离不彻底。 4. 传动部分损坏。 5. 发动机功率不足	1. 检修调压阀（张力阀）及相关控制电路电器、液压泵。 2. 检修或更换液压马达。 3. 检修制动器及其控制系统。 4. 检修减速器、齿轮副等传动机构。 5. 检修发动机
补油压力偏低	1. 液压油滤芯堵塞。 2. 液压油的油温偏高、黏度偏低。 3. 液压油路内泄。 4. 补油回路调压阀失灵。 5. 液压泵损坏	1. 检查液压油滤芯，按需更换。 2. 检修液压油散热系统，按需更换液压油。 3. 检修液压油路。 4. 检修调压阀。 5. 检修液压泵
张力不能预设：1. 制动选择开关置于“制动位”，工况选择开关置于“牵引工况”，主泵控制手柄置于“牵引位”，张力轮仍可转动	这是由刹车装置及其控制部分故障引起的。 1. 刹车选择开关故障。 2. 刹车控制电路故障。 3. 刹车控制电磁换向阀故障。 4. 刹车装置部分故障	1. 检修刹车选择开关，按需更换。 2. 检修刹车控制电路。 3. 检修刹车控制电磁换向阀（多为电磁线圈损坏导致），按需更换。 4. 检修刹车装置
张力不能预设：2. 制动选择开关置于“制动位”，工况选择开关置于“牵引工况”，主泵控制手柄置于“牵引位”，张力表指示值不随张力调节旋钮的调整而变化	这是由工况选择和张力控制部分故障引起的。 1. 工况选择开关故障。 2. 张力调节控制电路故障。 3. 张力液压系统故障	1. 检修工况选择开关，按需更换。 2. 检修张力调节控制电路。 3. 检修张力液压系统，按需更换
张力轮不能转动	1. 张力轮制动器不能打开。 2. 张力轮驱动装置及其控制部分故障	1. 检修制动器及其控制电路、油路。 2. 检修张力轮操控装置、驱动传动装置
张力轮回牵力不足	1. 张力预设值偏低。 2. 张力调节控制部分故障。 3. 张力液压系统故障	1. 加大张力预设值。 2. 检修张力调节控制元件及线路。 3. 检修液压泵、液压马达及液压管路

续表

故障现象		可能原因	处理方法
展放导线时，张力不能平稳调节		1. 张力调节电气控制部分故障。 2. 张力液压系统故障。	1. 检修张力调节电位计、放大器、电磁线圈及控制线路，按需更换。 2. 检修溢流阀、张力马达（泵）
散热系统失灵		1. 散热系统压力不足。散热系统调压阀及其控制电气元件、线路故障，油泵损坏。 2. 散热油马达损坏	1. 保养调压阀，必要时更换。检修控制电路。检修散热（支腿）油泵。 2. 检修散热油马达，必要时更换
尾车张力不能平稳调节、保持		1. 尾车液压系统控制元件故障。 2. 尾车液压泵故障	1. 检修尾车液压控制元件（电位计、放大器、溢流阀等）。 2. 检修尾车液压泵
尾车不能转动		1. 尾车马达刹车故障。 2. 尾车液压系统压力不足。 3. 尾车马达故障	1. 检修尾车马达刹车及其控制油路。 2. 检修尾车液压系统及其控制元件、电路。 3. 检修尾车马达
漏油	1. 油管漏油	1. 油管接头松动。 2. 油管接头密封垫圈损坏。 3. 油管扣压不牢。 4. 油管破损、老化	1. 紧固油管接头。 2. 更换密封件。 3. 重新压接油管接头。 4. 更换油管
	2. 液压元件漏油	1. 密封件损坏。 2. 液压元件本体裂损	1. 更换密封件。 2. 修复或更换液压元件
异响	1. 随传动件运转，有规律的周期性摩擦声，异响与传动件的受力大小无关	运动件和其护罩干涉	整修处理外罩
	2. 随传动件运转，有规律的周期性敲击声。异响与传动件的受力大小有关（受力越大，响声越大）	1. 传动副啮合不良。 2. 传动件与其相关的连接件松动	1. 检修和调整传动副。 2. 紧固连接件
	3. 随传动件运转，异响无规律，与传动件的受力大小有关	1. 传动件支承轴承损坏。 2. 润滑不良	1. 更换轴承。 2. 润滑保养轴承
	4. 液压泵异响	1. 液压泵损坏。 2. 进油油路（滤芯）堵塞	1. 检修液压泵。 2. 检修油路，更换滤芯

【思考与练习】

1. 试简述张力机张力轮不能转动的可能原因及处理方法。
2. 试简述张力机尾车不能转动的可能原因及处理方法。
3. 试简述张力机补油压力不正常的可能原因及处理方法。
4. 试简述张力机尾线张力不稳定的可能原因及处理方法。

第二部分

牵张机操作实务

第四章

牵张设备布置

模块1　牵张设备辅助机具的安装（Z48E1001Ⅰ）

【模块描述】本模块介绍牵张设备辅助机具的安装。通过结构讲解和应用举例，着重介绍张力机工作时牵引绳盘和导线盘的工作方式，使操作人员掌握牵引绳展放架、导线展放架、尾车张力装置的组成和使用方法。

【模块内容】

一、牵张设备辅助机具的种类

牵张设备辅助机具包括牵引绳展放架、导线展放架、尾车张力装置等。

牵引设备中的张力机的工作是展放牵引绳或导线。在张力机的后侧，需要使用牵引绳展放架或导线展放架支撑绳盘（牵引绳盘或导线盘），并由尾车张力装置（液压马达或刹车盘）对尾绳和尾线提供合适的张力，保证张力机能够正常展放牵引绳或导线。

二、牵引绳展放架的组成和使用

1. 牵引绳展放架的作用

牵引绳展放架是支撑牵引绳盘的装置。在放线时，牵引绳展放架置于张力机后面一定距离，与尾车张力装置和张力机配合，使牵引绳具有一定张力稳定展放。

为保证牵引绳展放架的稳固，应在牵引绳盘支撑架就位前，对地面基础进行平整和压实，并对牵引绳展放架加以可靠的锚固，防止尾绳张力过大造成牵引绳盘倾翻。

2. 牵引绳展放架的结构原理

牵引绳展放架是由支撑架和牵引绳绳轴组成。

（1）支撑架。支撑架成对使用。每个支撑架是由底座、支撑主架、支撑缸、轴托等组成。底座、主架和顶升装置两两铰支连接，构成刚性三角形支撑。其优点是单件重量轻、体积小、可折叠收放、便于人工搬运等。牵引绳支撑架结构示意图如图4–1–1所示。

支撑架的支撑缸是固定式的，由无缝钢管焊接而成，组装后支撑起主架轴托。轴托由U型轴承座加衬轴瓦组成，轴托在支承架上使U型中心线倾斜一定角度（一般为

45°），轴托和主架直接焊接在一起。主架和底座是钢结构焊接件，它是主牵架的基础件，其强度和稳定性应满足导线盘支撑需要。主架和底座之间铰支连接，能折叠收放，便于搬运。

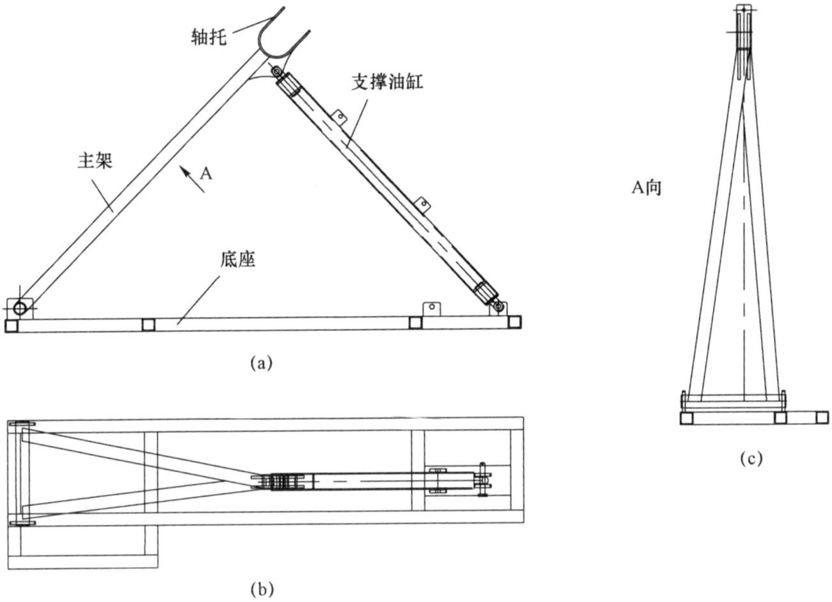

图 4–1–1　牵引绳支撑架结构示意图

（a）立面图；（b）平面图；（c）A 向视图

（2）牵引绳绳轴。牵引绳绳轴主要由轴杆、十字架、隔套、锥套、锁紧螺母、轴承、拨动臂等组成，如图 4–1–2 所示。轴杆与拨动臂焊接连接。轴杆上靠近拨动臂一端固定安装一支撑滚动轴承，另一端的轴承安装在活动支撑座上。轴杆两端的轴承放置在主牵架的轴托上。轴杆通过十字架、锥套、隔套、锁紧螺母来夹紧、固定、支撑线盘。

拨动臂通过十字架与线盘连接，使尾车张力装置产生的阻力矩通过主牵绳轴传递至线盘，形成尾车张力。轴杆及其支撑轴承是支撑线盘重量，并保证线盘的灵活转动。线盘轴上面的锥套、隔套和锁紧螺母用于轴杆与线盘紧密可靠连接。

三、导线展放架的组成和使用

1. 导线展放架的作用

导线轴支承装置在放线时置于张力机后面一定距离，用于把导线轴支离地面，以使线轴上的导线通过张力机展放。张力架线施工中，导线盘直径大、重量重，同牵引绳盘支撑架相比，导线盘支撑架的承载强度和稳定性更强。

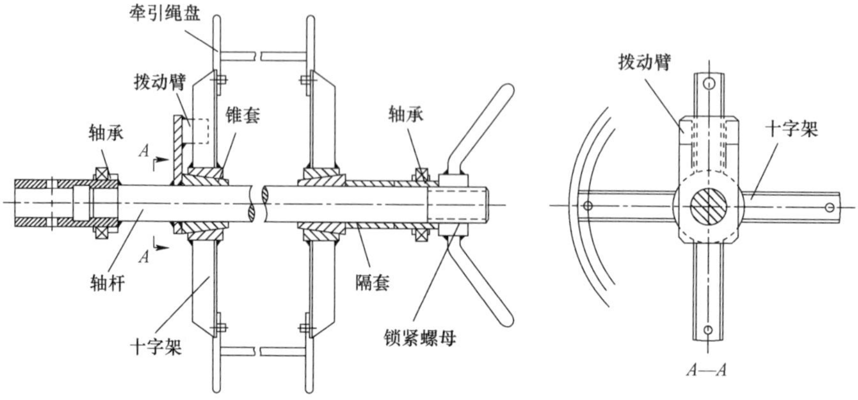

图 4–1–2 牵引绳绳轴结构示意图

2. 导线展放架的结构组成

导线展放架的组成包括支撑架、支撑轴及轴系零件。

（1）支撑架。在张力放线施工中，最常使用的导线盘支撑架是组装式的，它是由左右分开的两个支撑架组成，成对使用。每个支撑架是由底座、主架、支撑缸、轴托等组成。底座、主架和顶升装置两两铰支连接，构成刚性三角形支撑。其优点是单件重量轻、体积小、可折叠收放、便于人工搬运等。

图 4–1–3 组装式导线盘支撑架的主架和底座

1）主架和底座。主架和底座是钢结构焊接件，它是导线架的基础件，其强度和稳定性应满足导线盘支撑需要。主架和底座之间铰支连接，能折叠收放，便于导线架的搬运。如图 4–1–3 所示，组装式导线盘支撑架的主架和底座结构。

2）轴托。轴托由 U 型轴承座加衬轴瓦组成，轴托在支承架上使 U 型中心线倾斜一定角度（一般为 45°），轴托和支撑架一般直接焊接在一起。

3）支撑缸。导线架的支撑缸有固定式和可伸缩式两种。固定式支撑缸长度不变。可伸缩式支撑缸可根据需要进行轴托支撑高度的调整。在施工现场没有起吊设备的情况下，组装式导线架的可伸缩式支撑缸可以调整导线架轴托的高度，实现导线盘的升降。亦可用它分别调整左、右两支承架的中心高度，使导线盘处于水平位置。常用的可伸缩式支撑缸有螺杆顶升式和液压顶升式两种。

① 螺杆顶升式。简单的螺旋杆式顶升装置的结构和螺旋千斤顶相似。为减轻操作

强度，可把顶升装置的操作机构由原来的棘轮操作，改成采用圆锥齿轮减速或蜗轮减速装置操作。这种顶升装置是导线架上使用最早的一种形式，结构简单、加工维护方便、工作也比较可靠。由于螺旋副效率低（30%～40%），操作劳动强度大、不方便，一般在空载时调节线盘高度，满载时尽量不用。

② 液压顶升式。液压顶升式支撑装置的结构如图 4–1–4 所示，它由专用的手动液压泵向液压缸压油达到顶升目的。当把导线盘顶升到要求高度后，只要打开手动液压泵的回油阀，使液压缸回油，载荷通过锯齿形支承夹板，自动转移到缸体外壁支承销。如要使液压缸重新顶起导线盘时，随着导线盘顶起，锯齿形夹板能自动和支承销分离。液压缸顶升装置使用方便，但必须配备手动液压泵，故结构较为复杂。

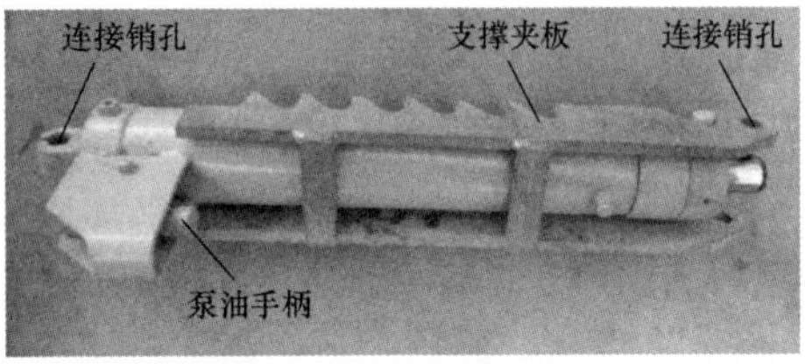

图 4–1–4　液压顶升式支撑装置

（2）支撑轴及轴系零件。线盘轴是通过导线架和牵引绳架，支撑导线盘或牵引绳盘，与张力机配合展放导线或牵引绳的装置。线盘轴主要由轴杆、轴承、轴套、隔套、锁紧螺母、拨动组合件（拨动臂和拨叉）等组成，如图 4–1–5 所示。轴杆与拨动臂焊接连接，拨动臂与拨叉使用螺栓连接。轴杆上靠近拨动臂一端固定安装一支撑滚动轴承，另一端的轴承安装在活动支撑座上。轴杆两端的轴承放置在导线架的轴托上。轴杆通过锥套、隔套、锁紧螺母来夹紧、固定、支撑线盘。

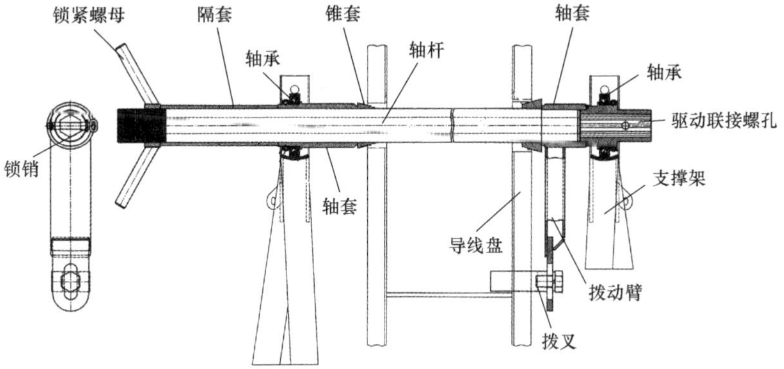

图 4–1–5　导线盘支撑轴及轴系零件图片

拨动臂组合件与线盘连接（拨叉与线盘固定连接），使尾车张力装置产生的阻力矩通过线盘轴传递至线盘，形成尾车张力。轴杆及其支撑轴承是支撑线盘重量，并保证线盘的灵活转动。线盘轴上面的锥套、隔套和锁紧螺母用于轴杆与线盘紧密可靠连接。

四、尾车张力装置的组成和使用

张力机展放导线，必须保持一定的尾车张力。产生尾车张力的装置主要有钳盘式和液压马达两种尾车张力装置。

1. 钳盘式尾车张力装置

钳盘式尾车张力装置是配合张力机使用的部件，使用时安装于尾架上，起着产生尾车张力的作用。钳盘式尾车张力装置理想的工作状态为：绳盘既能顺利转动，又能产生合适的尾绳张力，停机时，又能稳妥刹车。

（1）钳盘式尾车张力装置的结构组成。钳盘式尾车张力装置主要由传动轴、刹车盘、摩擦片、调整螺栓等部件组成，如图 4–1–6 所示。

图 4–1–6　钳盘式尾车张力装置

（2）钳盘式尾车张力装置的工作原理。使用时，钳盘式尾车张力装置通过卡槽与尾架连接，摩擦片与尾架固定不动。传动轴与穿过绳盘的主轴相连接，绳盘主轴带动传动轴和刹车盘一起转动。当张力机向前吐线时，相对转动的刹车盘与摩擦片一直保持接触状态，产生摩擦阻力，从而形成尾车张力。当张力机停止吐线时，起到刹车的作用。

（3）刹车盘与摩擦片的使用。钳盘式尾车张力装置上有一处调整螺栓，当螺栓向内（右旋）旋转时，刹车盘与摩擦片的接触就更紧密，尾车张力增大，刹车效果增强；反之，向外（左旋）旋转时，尾车张力减小，刹车效果减弱。

2. 液压马达尾车张力装置

（1）液压马达尾车张力装置的结构组成。液压马达尾车张力装置是由马达头、制动器、减速器等组成，如图 4–1–7 所示。

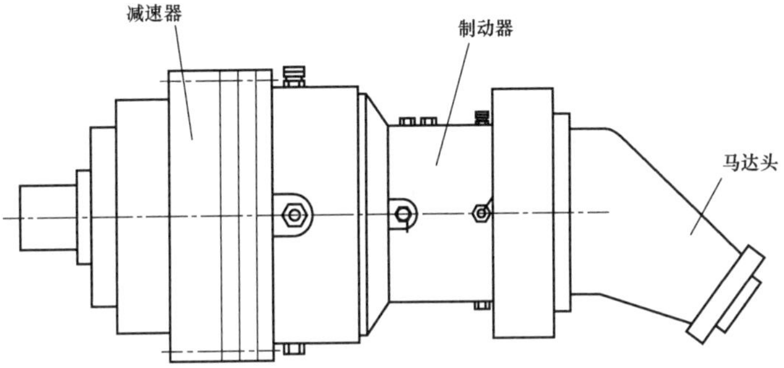

图 4–1–7　液压马达尾车张力装置结构示意图

（2）液压马达尾车张力装置的工作原理。液压马达尾车张力装置和张力机的液压动力口连接，为张力机尾车液压马达提供液压动力。在工作时，尾车马达给导线支撑轴提供适宜的反向驱动力，从而产生尾车张力。尾车张力的大小和制动器的工作状态由张力机的尾车压力调整阀控制。

（3）液压马达尾车张力装置的使用。

1）液压马达尾车张力装置和导线架、张力机的连接组装应稳妥，液压油管布置整齐，接头插接稳妥、不漏油。尾车马达在导线展放架上的组装示意图如图 4–1–8 所示。

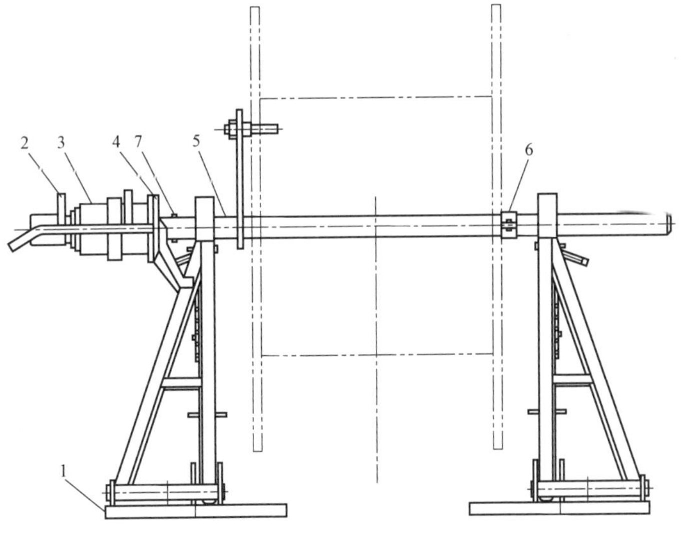

图 4–1–8　尾车马达在导线展放架上的组装示意图

1—导线展放架总成；2—尾车马达支架；3—尾车马达减速器；4—尾车马达卡盘；5—支撑轴总成；6—锥套、隔套；7—定位销

2）液压马达尾车张力装置产生的阻力矩与导线送出方向相反，在导线架上组装时应加以注意。

【思考与练习】

1. 牵引绳展放架有哪些部分组成？怎么使用？

2. 导线展放架在张力放线中的作用和使用方法是什么？

3. 尾车液压马达是怎么工作的？尾车液压马达的张力安全系数范围是多少？

模块2　牵张设备穿线（Z48E1002Ⅰ）

【模块描述】本模块介绍牵张设备穿线工序。通过对穿线过程的讲解，使操作人员掌握牵引机和张力机进出机穿线的程序和方法，了解牵引机和张力机卷筒的相关知识。

【模块内容】

一、牵张设备穿线的工作原理

牵张设备的牵引力或张力是通过卷筒和绳索（或张力轮和导线）的摩擦力来实现，张力机的张力轮为导线提供张力，牵引机的牵引卷筒为牵引绳提供牵引力。导线或绳索是存储在导线盘或牵引绳盘上的，在展放前，需要对牵张设备的卷筒（或张力轮）进行穿线作业。

牵张设备工作前，尾车上的绳盘引线端通过牵张设备的导向机构后，按规定在牵张设备卷筒或张力轮上盘绕并引出，该项操作称为牵张机穿线。

牵引机工作时，绳索在卷筒上缠绕数圈后，绳索和卷筒之间产生摩擦附着力，该摩擦力在卷筒上的累积，即为绳索展放的端口牵引力。牵引机的卷筒由原动机通过传动机构提供驱动动力。牵引机正常工作时，牵引机卷筒的尾绳应保持合适的张力，保证牵引绳在卷筒上不打滑。

同理，张力机工作时，导线在张力轮上缠绕数圈后，导线和张力轮之间产生摩擦附着力，该摩擦力在张力轮上的累积，即为导线展放的端口张力。张力轮由原动机通过传动机构提供驱动张力（张力是被动产生的，导线带动张力轮，张力轮通过齿轮带动增速器，进而带动液压马达转动。液压马达起泵作用吸油，通过张力调节阀调整马达压力，即产生张力）。张力机正常工作时，张力轮的尾绳应保持合适的张力，保证导线在张力轮上不打滑。

二、牵引机卷筒的类型、结构和穿线

1. 牵引机卷筒的类型和结构

牵引机卷筒的常用类型有双摩擦卷筒、磨芯卷筒和类似卷扬机卷筒的单卷筒三种。目前，国内外大、中型牵引机广泛采用双摩擦卷筒。双摩擦卷筒形状较复杂，筒壁比

较厚，一般均为铸造件。常用的材料有 QT45–5 球墨铸铁、ZG35 或 ZG45 铸钢等，并经过表面热处理，要求表面硬度为 HRC50～55。

双摩擦卷筒的结构如图 4–2–1 所示，它由两个轴线平行的、表面带有数个钢丝绳槽的卷筒Ⅰ、Ⅱ组成。目前国内外牵引机双摩擦卷筒上一般采用 6～10 个绳槽。

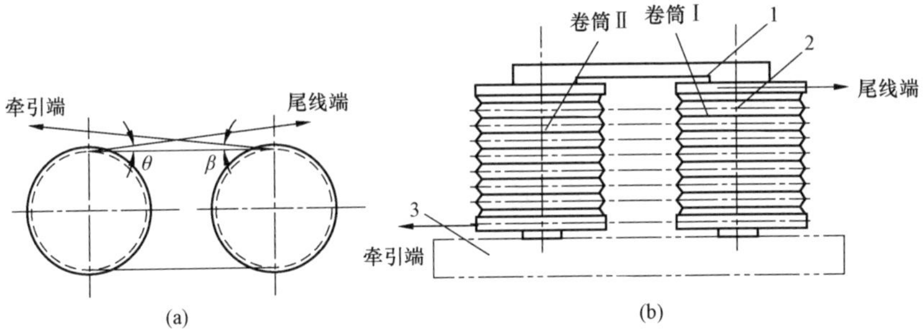

图 4–2–1　双摩擦卷筒的结构

（a）正视图；（b）俯视图

1—支撑臂；2—卷筒；3—减速器

牵引钢丝绳的牵引角度 β 考虑为 15°，尾线张力角度 θ 也为 15° 或更小些。牵引机工作时，卷筒Ⅰ和卷筒Ⅱ的轴上承受弯矩较大。为改善卷筒轴的受力状况，在牵引机双摩擦卷筒的端部之间设置有支撑臂，如图 4–2–1 所示。

2. 牵引机穿线

牵引绳在卷筒上的盘绕，由柔性较好的线绳作为过渡绳牵引穿线。牵引绳首先从上方进入卷筒Ⅰ内侧的第一个轮槽，由下方引入卷筒Ⅱ内侧的第一个轮槽，再向上方引出，进入到卷筒Ⅰ内侧第二个轮槽，以此类推，从内侧到外侧逐槽排列，最后从卷筒Ⅱ的最外侧轮槽向尾线端引出，通过牵引机后侧的导向机构，引入到牵引机卷绕机构的尾绳盘上，牵引绳端部应与尾绳盘连接固定。如图 4–2–1 所示。

在使用柔性较好的牵引绳进行牵引机穿线时，可以按照上述程序，将绳索直接自上而下，由内向外逐槽盘绕，而不需要渡绳辅助作业。

在卷筒上盘绕牵引绳的过程中，应防止手指被挤压而受到机械伤害。

按照张力放线导则规定，一定长度的牵引绳之间（两盘以上）应使用旋转连接器连接，牵引绳头进牵引卷筒前，将旋转连接器换为抗弯连接器。旋转连接器严禁过轮。

三、张力机张力轮的类型、结构和穿线

1. 张力机张力轮类型和结构

张力机张力轮的类型有多槽双摩擦式、滑动链槽式、磨芯式、卷线筒式等。目前，常用张力机张力轮为多槽双摩擦式。

张力机张力轮卷筒一般为钢板焊接件。张力轮与导线接触的卷筒外侧，安装有MC浇铸尼龙材料的表面衬垫，以保护导线，同时增大了张力轮轮槽和导线之间的摩擦附着力，以有效地传递制动阻力矩。有的张力轮钢制轮槽表面经过特殊处理，不敷设衬垫。

2. 张力机穿线

导线由导线盘上引出，在端部套插上网套式连接器，经过张力机尾部进线导向机构，穿绕在张力机张力轮上，再经过出线导向机构，把导线引到张力机前。这个过程称为张力机穿线。

同牵引机穿线一样，张力机穿线是展放导线前的准备工作。张力机穿线是先利用柔性好的尼龙绳或棕绳按导线入轮规定，自上而下，顺槽缠满，渡绳末端穿过张力机进线导向机构后和尾车上的导线端头绑扎连接；然后起动张力机，进行张力轮慢速送线操作，同时由人力配合，向出线方向拽行绳索端，将导线从导线盘、张力轮上引出，从而完成张力机导线穿线工作，如图4–2–2所示。

图4–2–2　张力机穿线

在张力机穿线的过程中，应设专人指挥和监护，专人操作，防止导线跳槽和导线挤压损伤。同时，应防止人身伤害。

一根牵引绳牵引，同时展放两根以上导线是通过走板来进行的。牵引绳通过大旋转连接器与走板前端连接，已穿插好网套式连接器的导线通过小旋转连接器与走板后端连接，如图4–2–3所示。

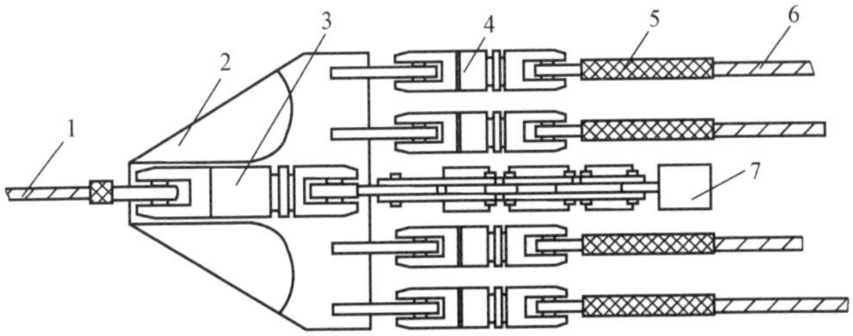

图 4–2–3　牵引钢丝绳和分裂导线连接图

1—牵引钢丝绳；2—牵引板；3—大旋转连接器；4—小旋转连接器；5—网套式连接器；6—导线；7—平衡锤

旋转连接器应根据工作时的最大受力荷载进行选择。大旋转连接器的额定载荷应稍大于或等于各分裂导线上最大张力之和，其安全系数应符合规定。

【思考与练习】

1. 试简述牵张设备穿线的工作原理。
2. 试简述牵引机卷筒穿线的方法和步骤。
3. 试简述张力机张力轮穿线的方法和步骤。

模块 3　牵张设备的选用（Z48E1003Ⅱ）

【模块描述】本模块介绍牵张设备的选用原则和方法。通过对牵张设备性能参数与张力放线工况的匹配、设备优化选用的讲解，使操作人员熟悉《110kV～750kV 架空输电线路张力架线施工工艺导则》（DL/T 5343—2018），掌握牵张设备的选用方法和要求，了解《输电线路张力架线用牵引机通用技术条件》（DL/T 372—2019）、《输电线路张力架线用张力机通用技术条件》（DL/T 1109—2019）、《架空输电线路施工机具基本技术要求》（DL/T 875—2016）等标准中对牵引机和张力机技术条件的相关要求。

【模块内容】

一、牵张设备选用的一般步骤

牵张设备选用依据主要是施工现场实际情况、放线方式及牵张设备的性能指标。具体牵张设备选用步骤如下：

1. 施工信息收集

收集工程张力架线施工的基本信息，包括施工区段划分、展放导线所需的最大牵引力和张力、导线盘参数（外径、宽度、轴孔直径等）导线型号规格、牵张场地及运输道路条件、工期要求等。

2. 放线方式设计选择

牵张设备是配套使用的，成套牵张设备的各组成单元应科学匹配，以保证选用的牵张设备既满足放线施工要求，又能充分发挥每台设备的性能潜力。因此，设计合理的放线方式尤为重要。

放线方式是指张力放线成套设备的组合形式。如展放单相六分裂导线，牵引场布置一台牵引机，也可以布置两台牵引机。张力场布置三台一牵二张力机，也可以布置一台一牵四张力机和一台一牵二张力机。这样的牵引场车张力场布置，可组合为四种放线方式。

同一工程的不同施工段，可采用不同放线方式放线。施工企业应充分利用现有设备，优化比较，选用符合要求的最佳放线方式。

3. 牵张设备参数与施工条件适应性确认

（1）牵张设备载荷的确认。选用的牵张设备额定载荷应满足张力架线牵引力和张力的需要。

牵张设备通常在设计时，从安全角度，是按照额定载荷的100%工况计算的；从寿命角度，是按照额定载荷的80%工况计算的；从机械效率角度，是按照额定载荷的50%工况计算的。因此，牵张设备的选用，应按照设备额定载荷的60%～80%选择最好（即设备额定载荷是导线展放最大牵引力或张力的 1.25～1.67 倍之间为宜）。否则，如按100%额定载荷选择牵张设备，虽可完成工程任务，但对机器寿命的影响较大，放线效率也不高。

（2）确认牵张设备的控制机构和过载保安机构完好、有效。

（3）确认所选张力机的张力轮轮槽参数符合导线展放的要求，牵引机的牵引轮槽参数符合牵引绳展放要求。

（4）确认牵张设备的外形尺寸和重量符合进出场地运输和就位施工条件。

确认牵张设备进场道路及沿线桥梁满足通行要求，牵张场地条件满足牵张设备吊装就位等施工需要，否则必须经过修整和加固，确保满足需要。

二、牵张设备选用的技术条件

在《输电线路张力架线用牵引机通用技术条件》（DL/T 372—2019）、《输电线路张力架线用张力机通用技术条件》（DL/T 1109—2019）、《架空输电线路施工机具基本技术要求》（DL/T 875—2016）等行业标准中，对牵引机和张力机选用的相关规定如下：

（一）牵引机技术条件

1. 牵引机

（1）牵引机钢丝绳卷筒绳槽底部直径不得小于钢丝绳外直径的25倍。

（2）卷筒绳槽的宽度必须保证牵引钢丝绳连接器能顺利通过，槽数应保证尾部钢丝绳拉力小于或等于500N时不打滑。

（3）卷筒绳槽对钢丝绳的摩擦系数应不小于 0.1。

（4）卷筒应用耐磨钢制成。其表面硬度推荐在 HRC50～HRC55 之间，轮槽表面粗糙度不得大于 3.2μm。

（5）牵引机必须有过载保护装置，过载保持装置可保护的最大牵引力应不小于额定牵引力的 1.25 倍，过载保护装置应连续可调。

（6）牵引机传动应尽可能无级调速，调速操纵应方便可靠，牵引力应保持平稳。

（7）牵引机钢丝绳卷筒制动安全系数应不小于 1.5。牵引机原动机停车时，制动器应立即制动。

（8）牵引机工作环境温度在–30～+40℃内能持续工作。

（9）牵引机主卷筒传动效率对液压传动不得低于 0.50，机械传动不得低于 0.75。

（10）牵引机使用寿命应不小于 3200h。

（11）锚固装置的安全系数应不小于 3。

2. 牵引机尾线卷绕装置

（1）牵引机尾线卷绕装置卷绕钢丝绳的速度应自动与牵引机的牵引速度同步，自动无级调速，自动保持卷绕钢丝绳的张力（牵引机尾线张力）。

（2）牵引机尾线卷绕装置提供的牵引机尾部张力不小于 2000N，并应连续可调。

（3）必须有排绳机构，使钢丝绳能在牵引机尾线卷绕装置卷筒上排列整齐，其卷筒直径应不小于钢丝绳直径的 20 倍。

（4）和牵引机一体的牵引机尾线卷绕装置，钢丝绳卷筒必须装卸容易，更换方便。

（5）分离式牵引机尾线卷绕装置应具有可靠的锚固装置，其安全系数应不小于 3。

（二）张力机技术条件

1. 张力机

（1）张力机卷筒槽底直径 D_c 按下式计算：

$$D_c \geqslant 40d - 100\text{mm} \qquad (4\text{–}3\text{–}1)$$

式中　d——导线直径，mm；

D_c——卷筒槽底直径，mm。

（2）张力机放线卷筒衬垫应采用高强耐磨材料制成。张力机主卷筒衬垫应保证不损伤导线，各槽槽底直径的误差不大于±0.1mm。其表面粗糙度不得大于 3.2μm，放线卷筒槽数应保证尾部导线张力小于或等于 500N 时不打滑。

（3）张力机放线卷筒组的两个卷筒尽量采用双驱动卷筒，对展放多分裂导线的张力机，各组卷筒应能单独控制。

（4）张力机放线张力应能无级调节、调节方便，且不应因牵引速度变化而出现明显张力波动现象，张力波动值不得超过调定值的 10%。

（5）张力机放线卷筒槽型推荐采用浅槽型和深槽型两种，用 MC 尼龙衬垫时采用浅槽型（见图 4–3–1），用合成橡胶衬垫时采用深槽型（见图 4–3–2），其中 D_c 为张力轮槽底直径。两种槽型的结构尺寸及参数关系如下，且应保证导线连接器顺利通过。

浅槽型：

$$R_1 > 0.53d \quad (4\text{–}3\text{–}2)$$

$$0.4d > h > 0.3d \quad (4\text{–}3\text{–}3)$$

$$t_1 > 5+2R_1 \quad (4\text{–}3\text{–}4)$$

式中 R_1——张力机卷筒轮槽直径；

d——张力机卷筒所能通过的最大导线直径；

t_1——张力机卷筒相邻两槽之间的节距。

深槽型：

$$R_2 > 0.53d \quad (4\text{–}3\text{–}5)$$

$$1.5d > h > 0.8d \quad (4\text{–}3\text{–}6)$$

$$t_2 > 5+2R_2+(h-R)\sin 30^\circ \quad (4\text{–}3\text{–}7)$$

式中 R_2——张力机卷筒轮槽直径；

d——张力机卷筒所能通过的最大导线直径；

t_2——张力机卷筒相邻两槽之间的节距。

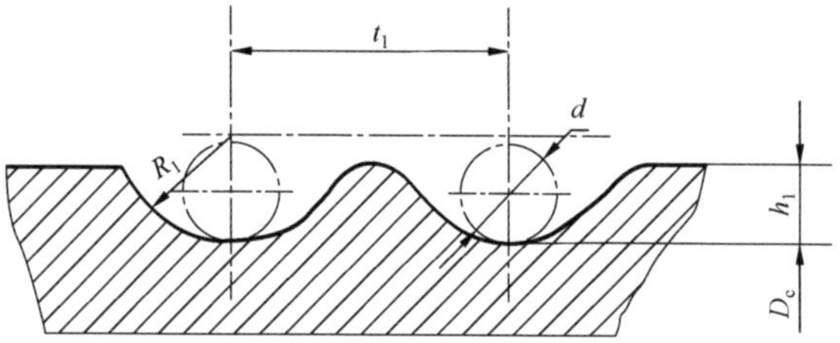

图 4–3–1 浅槽型

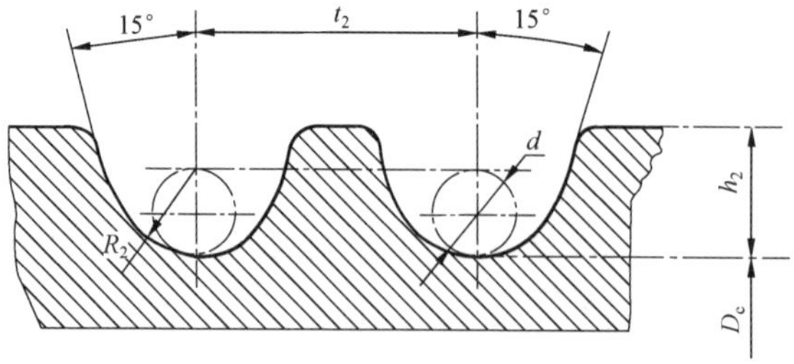

图 4–3–2 深槽型

（6）张力机的制动应灵敏可靠。

（7）当发生故障时能够紧急制动。张力机放线卷筒制动安全系数应不小于 1.5。操作紧急停机开关，能自动制动，停止放线。

（8）液压张力机应避免压力冲击。

（9）张力机应有足够的散热能力，保证其能在额定载荷下连续工作。液压制动张力机油温不得超过油液许用工作温度。机械制动张力机摩擦副温度不得超过摩擦材料许用工作温度。

（10）张力机工作环境温度在–30～40℃能持续工作。

（11）张力机使用寿命应不小于 3200h。

（12）张力机锚固装置的安全系数应不小于 3。

2. 导线轴架

（1）导线轴架应设有保持尾部张力的制动装置。尾部张力应力求平稳，张力波动不得造成导线在张力机进线侧跳槽或在线轴上摩擦。

（2）尾部张力为 0～3000N，并应为连续可调。

（3）导线轴架更换导线盘及转移场地应方便。

（4）导线轴架应具有可靠的锚固装置，其安全系数应不小于 3。

三、牵张设备荷载的计算

参照《110kV～750kV 架空输电线路张力架线施工工艺导则》（DL/T 5343—2018），对于确定的放线区段，可以根据具体的工程参数，通过建模和计算，得出张力机出口张力、牵引机最大牵引力等理论数据，即为该工况条件下牵张设备的计算荷载（这项工作一般由工程专业技术人员完成，牵张机操作人员对此仅做了解，不做具体要求）。

1. 控制挡的选择及其最小水平张力的计算

（1）架空线展放时对被跨越物的最小允许距离见表 4–3–1。

表 4 3–1　　架空线展放时对被跨越物的最小允许距离

序号	被跨越物名称	最小允许距离/m
1	导线对农田、荒地、山岭等一般地段	3
2	导线对风沙较大的开阔地段	5
3	导线及牵引板上的重锤对经济林木、作物	1
4	导线及牵引板上的重锤对跨越架顶横杆	1
5	导线对只通行人及少量车辆的道路	5
6	导线对不封航的通航河流上船只桅杆顶	5
7	导线对封航或不通航河流水面	1
8	牵引绳对地面	1
9	其他特殊地段	按有关部门要求定

（2）放线校验模板的制作。为校验各挡距内对被跨越物的距离，可以使用校验模板。

这里用的校验模板与设计定位模板相同，用透明赛璐珞板制成。其形状如图4–3–3所示，具体尺寸计算式为：

$$f = Kx^2 \tag{4–3–8}$$

$$K = \frac{p}{2T} \tag{4–3–9}$$

$$p = 9.81w \tag{4–3–10}$$

式中 f ——架空线弧垂，m；

K ——模板系数，m^{-1}；

p ——架空线单位荷重，N/m；

w ——架空线单位质量，kg/m；

T ——架空线水平张力，N；

x ——模板上的水平距离，m。

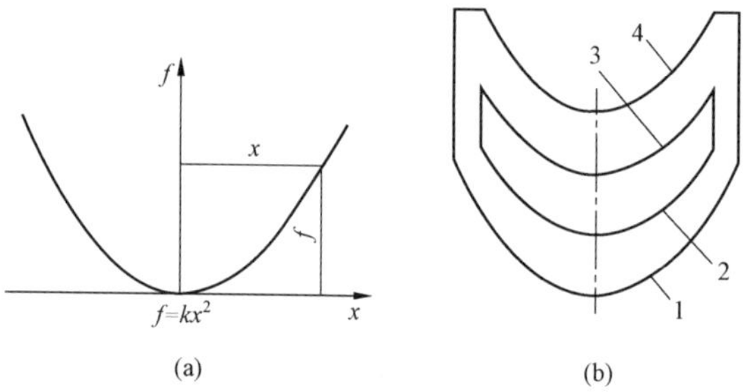

图4–3–3 放线校验弧垂模板

（a）模板制作示意图；（b）模板样品

1—K=0.50×$10^{-3}m^{-1}$；2—K=0.55×$10^{-3}m^{-1}$；3—K=0.60×$10^{-3}m^{-1}$；4—K=0.65×$10^{-3}m^{-1}$

钢芯铝绞线张力取其紧线张力的45%，牵引绳张力约为导线张力的1.5倍。放线校验模板可用线路设计模板替代；另行刻制取模板系数 K 值范围为 0.35×10^{-3}～$0.65\times10^{-3}m^{-1}$，模板差值取 $0.05\times10^{-3}m^{-1}$，共7块模板。

（3）控制挡的选择。在张力架线段内选出挡距大的或有跨越架的挡距，用校验模板在该挡距内确定出对地面或对被跨越物满足表要求距离的最小水平张力。用校验模板校验被跨越物距离的挡距叫控制挡，上述最小水平张力叫控制挡最小水平张力。最小水平张力用于计算张力机出口张力。

（4）控制挡最小水平张力的计算。事先准备好按要求纵横比例刻制的模板和塔位断面图。用“导线定位法”选择模板，定位高度计算式为：

$$H_{dx} = H - \lambda - \Delta \tag{4-3-11}$$

式中 H_{dx}——“导线定位法”的定位高度，m；

H——杆塔的呼称高，m；

λ——悬垂绝缘子长度（对直线塔及直线兼转角塔）或最低横担与放线滑车的高差（对耐张塔），m；

Δ——裕量，按 1m 考虑。

在塔位断面图选定几个控制挡，在该挡的两基塔上各标出定位高度 H_{dx}，然后用各条模板曲线试比，哪一条模板曲线通过该挡距两基铁塔的 H_{dx} 高度，与该挡被跨越物或地面保持表 4–3–1 要求的最小允许距离，即由这条模板的 K 值求出该控制挡的最小水平张力，计算式为：

$$T_i = \frac{p}{2K} \tag{4-3-12}$$

式中 T_i——控制挡最小水平张力，N；

i——计算控制挡至张力机出口处经过的滑车数。

最小允许距离校核示意图如图 4–3–4 所示。

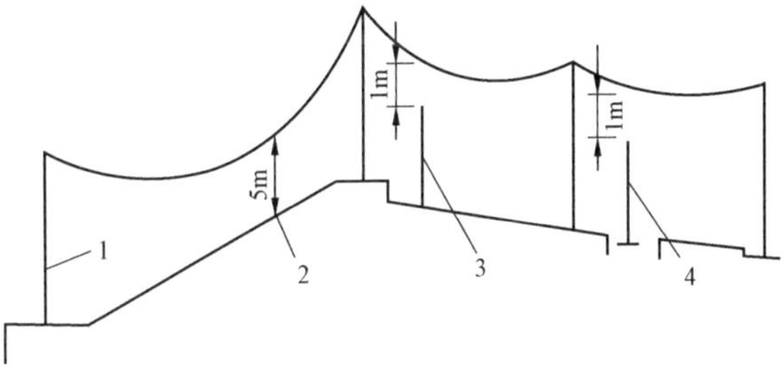

图 4–3–4 最小允许距离校核示意图

1—杆塔；2—道路；3—跨越架；4—船舶

2. 张力机出口张力的计算

出口张力计算示意图如图 4–3–5 所示，由式（4–3–12）求出控制挡最小水平张力后，可求出张力机出口张力为：

$$T_0 = \frac{1}{\varepsilon^i}\left[\frac{T_i}{K_0} - 9.81w\sum\Delta h_i \frac{\varepsilon(\varepsilon^i - 1)}{i(\varepsilon - 1)}\right] \tag{4-3-13}$$

式中 T_0——张力机出口张力，N；

T_i——控制挡最小水平张力，N；

K_0——动荷系数，取 1.1；

w ——被牵放架空线（牵引绳或导线）单位质量，kg/m；

$\sum\Delta h_i$ ——控制挡最低点（用校验模板找出）与张力机出口的累计高差，控制挡最低点高于张力机出口高度者为正，反之为负，可由断面图上量取，m；

ε ——滑车摩阻系数，取 1.005～1.015；

i ——张力机出口至控制挡经过滑车数（包括张力机出口滚筒）。

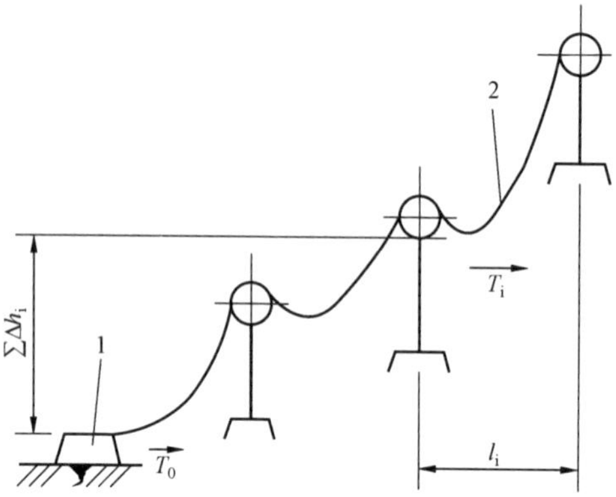

图 4–3–5 出口张力计算示意图

1—张力机；2—控制挡

由数个控制挡最小水平张力求得的出口张力中选择最大者用于牵引力的计算。

3. 牵引力的计算

（1）初始牵引力的计算。刚开始牵放时，牵放架空线（导引绳或牵引绳）的牵引力，称为初始牵引力。初始牵引机计算示意图如图 4–3–6 所示。

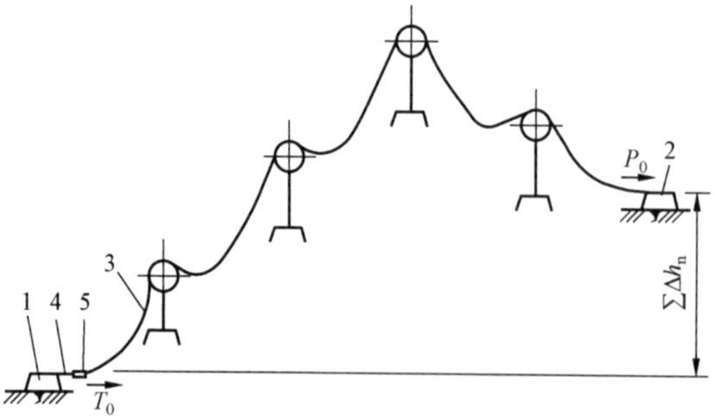

图 4–3–6 初始牵引机计算示意图

1—张力机；2—牵引机；3—牵放架空线；4—被牵放架空线；5—连接器或走板

初始牵引力计算式为：

$$P_0 = K_0\left[NT_0\varepsilon^n + 9.81\omega_q\sum\Delta h_n \frac{\varepsilon(\varepsilon^n - 1)}{n(\varepsilon - 1)}\right] \tag{4-3-14}$$

式中　P_0 ——初始牵引力，N；

N ——被牵放架空线（牵引绳或导线）根数，导引绳牵放牵引绳时 N=1，牵引绳牵放导线时 N 为分裂导线根数；

n ——被牵放架空线由张力机出口至牵引场经过滑车个数（包括张力机出口滚筒）；

ω_q ——牵放架空线单位质量，kg/m；

$\sum\Delta h_n$ ——牵引机内牵放架空线入口与张力机内被牵放架空线出口处的累计高差，牵放架空线入口高者为正，反之为负，可由断面图上量取，m。

（2）最终牵引力的计算。被牵放架空线被牵放完毕时牵放架空线的牵引力，称为最终牵引力。最终牵引力计算示意图如图 4–3–7 所示。

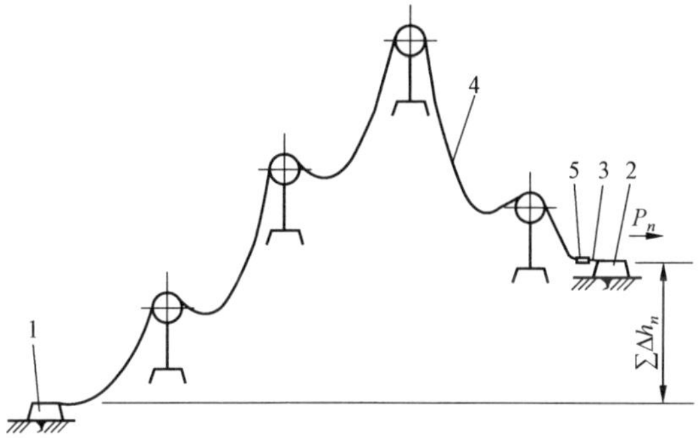

图 4–3–7　最终牵引力计算示意图

1—张力机；2—牵引机；3—牵放架空线；4—被牵放架空线；5—连接器或走板

最终牵引力计算式为：

$$P_n = K_0N\left[T_0\varepsilon^n + 9.81w\sum\Delta h_n \frac{\varepsilon(\varepsilon^n - 1)}{n(\varepsilon - 1)}\right] \tag{4-3-15}$$

（3）最大牵引力的计算。牵放架空线将被牵放架空线牵引通过放线段内垂直挡距较大的铁塔时的牵引力，称为最大牵引力。计算示意图如图 4–3–8 所示。

$$P_{\max} = P_n + 9.81\left(w_q l_{v1} + wl_{v2} + \frac{1}{2}G_i + G_h + G_b\right)\tan\theta \tag{4-3-16}$$

$$l_{v1} = \frac{1}{2}l_1 + \frac{P_n}{9.81w_q}\times\frac{h_1}{l_1} \tag{4-3-17}$$

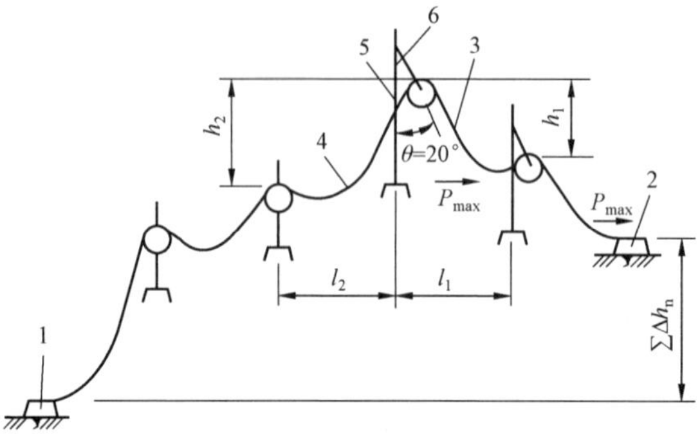

图 4–3–8 最大牵引力计算示意图

1—张力机；2—牵引机；3—牵放架空线；4—被牵放架空线；5—连接器或走板；6—垂直挡距较大的铁塔

$$l_{v2}=\frac{1}{2}l_2+\frac{P_n}{9.81wN}\times\frac{h_2}{l_2} \tag{4–3–18}$$

式中 P_{max}——最大牵引力，N；

l_{v1}——垂直挡距较大铁塔靠牵引机侧牵放架空线的垂直挡距，m；

l_1、h_1——垂直挡距较大铁塔靠牵引机侧被牵放架空线挡距及悬点高差，m；

l_{v2}——垂直挡距较大铁塔靠张力机侧被牵放架空线的垂直挡距，m；

l_2、h_2——垂直挡距较大铁塔靠张力机侧被牵放架空线挡距及悬点高差，m；

G_i——垂直挡距较大铁塔悬垂绝缘子串重量（耐张塔 G_i=0），kg；

G_h——放线滑车质量，kg；

G_b——走板或连接器质量，kg；

θ——悬垂绝缘子串（耐张塔为放线滑车）向牵引侧的倾斜角，一般取 θ=20°。

将式（4–3–16）整理后成为：

$$P_{max}=P_n+3.57\left[\frac{1}{2}(w_g l_1+Nwl_2)+\frac{P_n}{9.81}\left(\frac{h_1}{l_1}+\frac{h_2}{l_2}\right)+\frac{1}{2}G_i+G_h+G_b\right] \tag{4–3–19}$$

【思考与练习】

1. 牵张设备选用的一般步骤是什么？

2. 试简述按《架空输电线路施工机具基本技术要求》（DL/T 875—2016）对牵引机的选用要求。

3. 试简述按《架空输电线路施工机具基本技术要求》（DL/T 875—2016）对张力机的选用要求。

模块4　牵张场地选择和平面布置（Z48E1004Ⅲ）

【模块描述】本模块介绍牵张场地及进场道路勘查、整修和布置的方法。通过对牵张场地及进场道路要求的讲解，使操作人员掌握牵张设备运输方式、道路条件、场地要求，以及牵引场和张力场的平面布置原则和方法。

【模块内容】

一、牵张场地的选择

1. 放线区段的划分

张力放线区段的划分，要根据地形、道路交通条件、施工组织、进度与施工安全、质量等因素综合考虑。区段的长度应适中。区段太长时，虽然减少了整修场地、道路的工作量，减少了设备搬运次数，但是导线经过滑车次数太多，容易受损伤，且导线紧线后不能及时安装附件，还会造成导线受震动及鞭击损伤。区段太短时，虽然可以避免长区段的缺点，但是增加了工作量和转场次数，增大了施工成本，降低了工作效率。

为减少导线通过滑车太多而受到损伤，放线区段导线通过滑车次数宜限制在15次及以下。当牵张场地难于满足以上要求时，施工段所包含的放线滑车数量尽量控制在20个以内，并采取有效的防止导线受损措施（如尽量减小放线张力等）。根据以往施工经验，张力放线区段合理长度一般取7km左右，如遇地形复杂或交叉跨越较多而不能设置牵张场时，可适当延长放线区段，但不应大于10km。

当可选场位置较多时，施工区段应根据以下因素优选：

（1）优先使用接近理想长度的施工区段。

（2）便于跨越施工，停电时间最短的施工区段。

（3）以上扬塔作起止点的施工区段。

（4）尽量不选以耐张塔作为起止点的施工区段。

（5）不选以交叉跨越多或有重要跨越物为起止点的施工区段。

（6）尽量不选以“不允许接头档”作起止点的施工区段。

2. 牵张场地选择方案的策划

放线区段划分之后，即可在断面图上区段划分点前后按下列要求选择牵引场、张力场位置的数个方案。

（1）牵、张场位置应地势平缓，场地地形及面积满足设备、导线布置及施工操作要求。

（2）交通运输条件较好，牵张机可直接运达或道路桥梁稍加修整加固即可运达。

（3）牵、张场位置尽量在挡距当中或保证满足设计提出的与邻塔距离及导线对地夹角（一般≤30°），即锚线角度不大于设计规定值，锚线及压接导线作业无特殊困难。

（4）牵张场不应设在设计不允许导线、避雷线有接续管的挡内。

（5）不宜在耐张塔前后设场，因为耐张塔紧线施工复杂；另外，在直线兼转角塔前后也不宜设场，因为导线通过滑车锚固不方便。

（6）重要跨越档内设场要慎重，要考虑安全和交叉距离诸因素。

（7）张力架线时牵、张场宜设在上扬塔前后。

（8）低洼、容易积水的地方不宜设置牵、张场。

（9）张力场设备、线盘数量较多，要求场地面积大，应尽量减少转场次数，以充分利用中间向两头放线的特点，所以牵引场宜设置在线路起始端或末端。

（10）如果条件允许，全线路张力放线的牵张场转移用“翻跟头”的方法较为理想。放线施工段划分后，牵张场按图 4–4–1 的要求进行布置，放线段 1 号施工完毕后，牵引场转移到放线段 2 号场地，张力场原地调头展放放线段 2 号，以此类推。

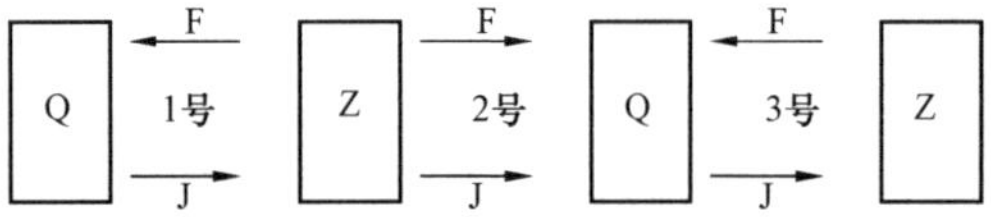

图 4–4–1 全线路牵引场、张力场布置示意图

Q—牵引场；Z—张力场；F—放线方向；J—紧线方向；1 号、2 号、3 号—放线区段

3. 牵张场地勘察和确定

牵张场地勘察的主要任务是，对牵张场地选择规划的数个方案的牵张场地的地形、位置、交通运输条件、面积、施工条件及整修的工作量作实地踏勘，加以比较，选择最佳场地方案，为放线施工做好准备。

牵张场地及进场道路的勘察是张力放线施工的前期准备工作。勘察结果是选取具体施工区段的重要参考，同时也是放线方式和牵张设备可行性、合理性的重要依据。

牵张场地及进场道路勘察的重点，是查看进场道路沿途的路面、桥梁、高空障碍等状况，选择安全可行的进出场路线。同时，对场地牵张设备的空间布置进行初步规划，为设备安全进场就位做好充分准备。

在牵张场地及进场道路勘察的过程中，还应考虑到道路、桥梁修复和加固的难度和费用，以及其中的民事问题，应避免通过村庄和人口多的运输路段。

根据勘察路线，在设备进场前，对不符合进场要求路段，采取必要的措施进行修整和加固，保证牵张设备运输沿途无高空硬性障碍，路面、桥梁的宽度和强度满足运输车辆通行要求。

对于不符合牵张设备运输和就位条件的牵张场地，要进行整修处理，必要时采取地面铺设钢板等措施，保证设备安全运输和吊装就位。

二、牵张场地平面布置

牵引场平面布置的主体设备是主牵引机及小张力机，张力场布置的主体设备是主张力机及小牵引机，一般均采用顺线路方向布置。若因场地条件局限，牵张设备不能顺线路方向布置时，可以采取其他方式布置。

1. 牵张场地平面布置方法

（1）牵张场一般布置在线路中心线上，牵张设备应尽可能放置在两杆塔挡距中央，利于调头展放下一区段。

（2）在大张力机后方，成扇形错落布置导线盘架，使导线进出线方向垂直导线盘中心轴。

（3）起重吊车应布置在导线盘架的后方，导线应整齐集中地放置在起重机的侧后方。

（4）主张力机和主牵引机布置在线路中心线上，其方向应对正邻塔导线悬挂点。

（5）小牵引机和小张力机按导线牵放顺序分别布置在每相导线的垂直正下方的位置，同时不能影响主牵引绳和导线同时展放。

（6）牵张设备顺线出口与邻塔导线悬挂点的仰角不宜大于 15°，俯角不宜大于 5°；牵张设备至邻塔的水平距离宜控制在塔高的 2～4 倍之间。

（7）牵引机卷筒、张力机张力轮、导线盘、导引绳及牵引绳卷筒的受力方向必须与其轴线垂直。

2. 牵张场地平面布置注意事项

（1）大张力机与线段临锚架之间为导线压接场地，大张力机与导线盘架间为更换线盘操作场地。压接场地和换盘场地均应平整，便于操作。

（2）钢绳卷筒与牵引机的距离和方位、线轴架与张力机的安全距离（>15m）和位置应符合要求，避免尾绳和导线的损伤，以及尾车制动突然抱死，造成线盘倾翻，损伤设备和人员。

（3）两套或两套以上设备同步展放同相导线的牵张场地布置，牵张设备之间应相互错开一定距离，即一前一后，以便于牵张设备操作手之间的沟通。

（4）牵引机、张力机、钢绳卷车、线轴架等必须按要求锚固稳妥。

（5）为下一施工区段展放导线做准备的设备材料堆放位置不应影响本区段放线作业。

（6）牵张机必须按要求装设接地装置。

（7）尽量减少青苗损失。

（8）按规定处理废弃物，避免环境污染。

（9）受地形限制，牵引场选择困难而在线路通道内又无法解决时，可通过转向滑车转向线路外侧布场，转向滑车数量根据转向角度和滑车承载能力确定，如图 4–4–2 所示。张力场不宜转向布场。牵引场转向布场应注意以下几点：

1）每个转向滑车的荷载不得超过所用滑车的允许承载能力，各转向滑车荷载应均衡，转向角度相等。

2）靠近邻塔的最后一个转向滑车位置应接近线路中心线。

3）靠近牵引机的第一个转向滑车应使牵引机进线受力方向正确。

4）转向滑车应使用允许高速运转的大轮槽专用滑车或使用放线滑车，对每个滑车均要可靠锚固。

5）转向滑车围成的区域为危险区，不得布置任何其他设备材料，工作人员不得进入。

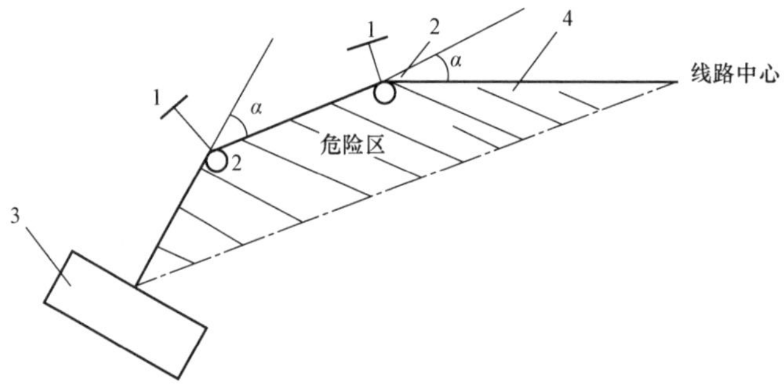

图 4–4–2　牵引场转向平面布置示意图

1—转向滑车地锚；2—转向滑车；3—牵引场；4—牵引绳

（10）牵引场和张力场在放线区段两端分别布置。特殊地形和环境条件下，牵引场和张力场可以布置在同一个场地，但需要技术人员编制专项方案并审批。

三、几种常用放线方式牵张场布置

目前，超高压、特高压输电线路采用同相四分裂、同相六分裂、同相八分裂的导线。以下列举部分主牵张设备配套方式下的牵张场布置。

1. 同相四分裂导线牵张场布置

（1）一牵四牵引场布置。同相四分裂导线展放牵引场平面布置如图 4–4–3 所示。

（2）一牵四张力场布置。一台张力机展放同相四分裂导线张力场平面布置如图 4–4–4 所示。

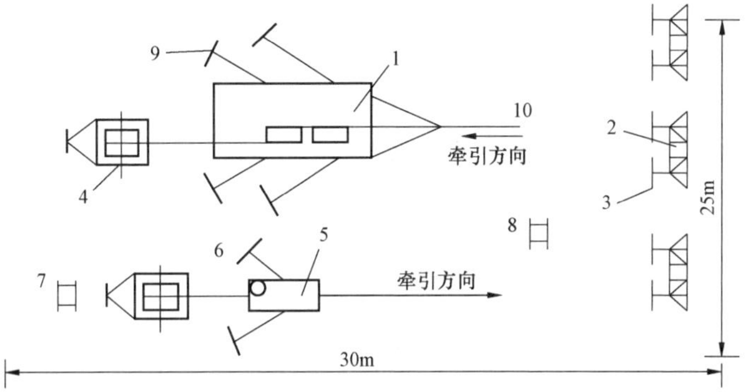

图 4–4–3　一牵四牵引场平面布置图

1—主牵引机；2—锚线架；3—锚线地锚；4—钢绳卷车；5—小张力机；6—小张力机地锚；7—牵引绳盘；8—空牵引绳盘；9—主牵引机地锚；10—牵引绳

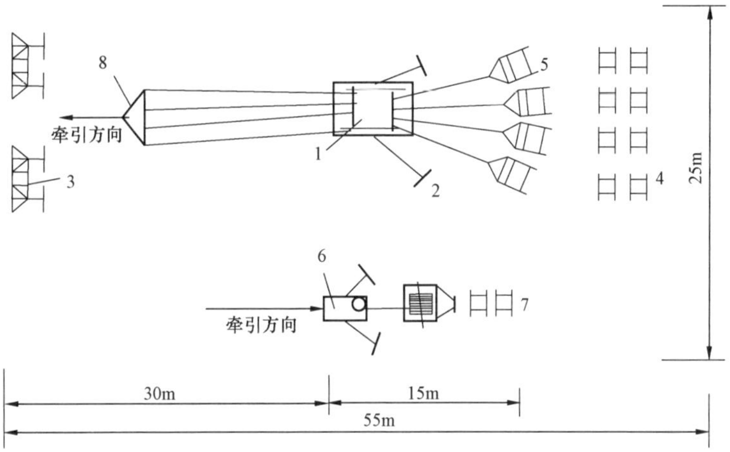

图 4–4–4　一牵四张力场平面布置图

1—四线主张力机；2—主张力机地锚；3—锚线架；4—导线盘；5—导线盘架；6—小牵张机；7—牵引绳盘；8—走板

2. 一次展放同相六分裂导线牵张场布置

（1）一牵（四+二）牵引场布置图，如图 4–4–5 所示。

（2）一牵（四+二）张力场布置，如图 4–4–6 所示。

3. 同步展放同相六分裂导线张牵场布置

同步展放同相六分裂导线是用两台主牵引机同步牵引六根子导线的放线方式，其主张力机和牵引机配套形式有一牵四+一牵二、2×一牵三、3×一牵二方式。3×一牵二方式（即三台 16 吨级大牵分别牵引三台一牵二张力机）的优点：① 安全性好；② 不

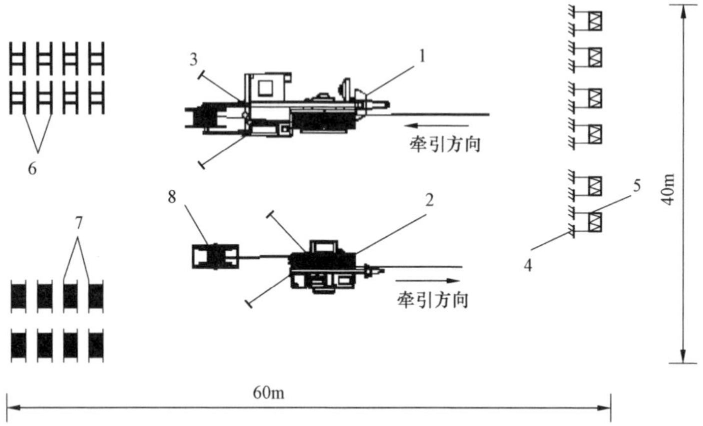

图 4–4–5 一牵（四+二）牵引场布置图

1—大牵引机；2—小张力机；3—地锚；4—锚线地锚；5—锚线架；6—牵引绳绳盘；7—主牵引绳；8—小张力机尾车

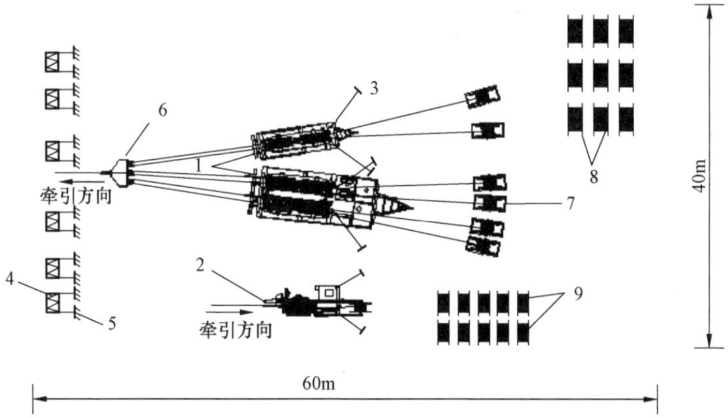

图 4–4–6 一牵（四+二）张力场布置示意图

1—张力机；2—小牵引机；3—地锚；4—锚线架；5—锚线地锚；6—走板；7—张力机尾车；8—导线；9—牵引绳

占用 25 吨级以上的大牵，仅用 16 吨级牵引机即可；缺点是多占用一台大牵。

（1）同步展放同相六分裂导线牵引场布置，如图 4–4–7 所示。

（2）一牵四+一牵二张力场布置，如图 4–4–8 所示。

（3）2×一牵三张力场布置，如图 4–4–9 所示。

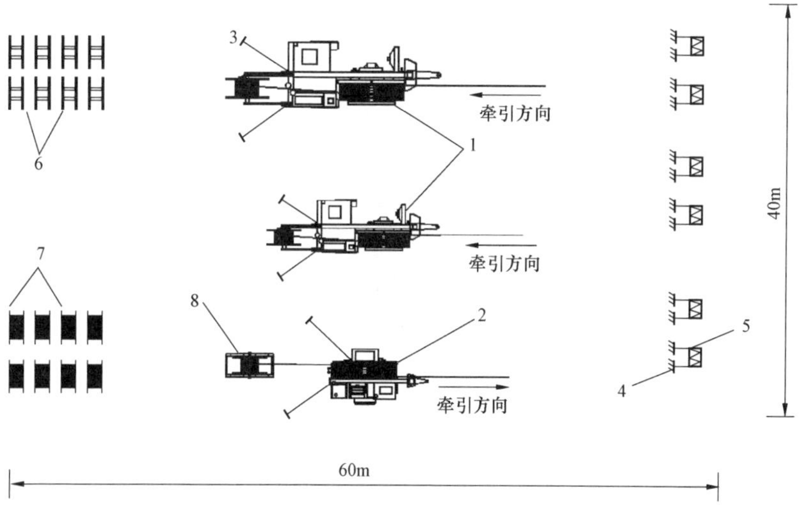

图 4–4–7　（一牵四+一牵二）牵引场平面布置示意图

1—大牵引机；2—小张力机；3—地锚；4—锚线地锚；5—锚线架；
6—牵引绳空盘；7—牵引绳盘；8—小张力机尾车

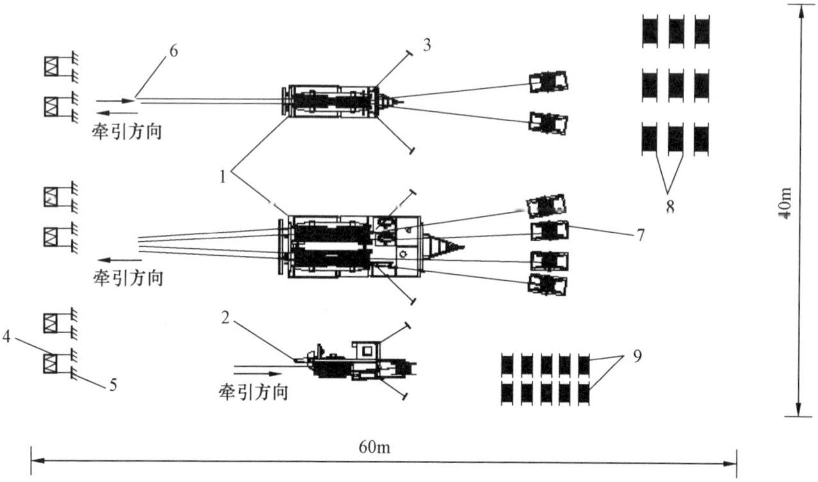

图 4–4–8　一牵四+一牵二张力场平面布置图

1—张力机；2—小牵引机；3—地锚；4—锚线架；5—锚线地锚；6—牵引板；
7—张力机尾车；8—导线；9—牵引绳

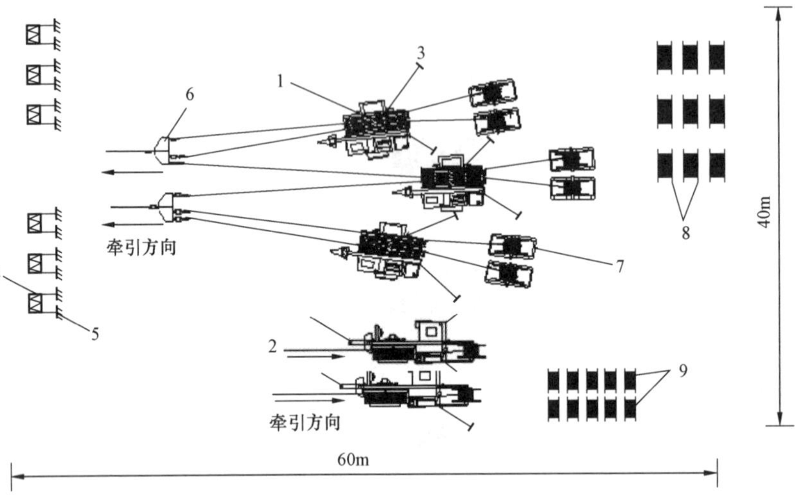

图 4–4–9 2×一牵三张力场平面布置图

1—大张力机；2—小张力机；3—地锚；4—锚线架；5—锚线地锚；6—三线走板；7—张力机尾车；8—导线；9—主牵引绳

4. 一次展放同相八分裂导线牵张场布置

（1）一牵（四+四）牵引场布置图，如图 4–4–10 所示。

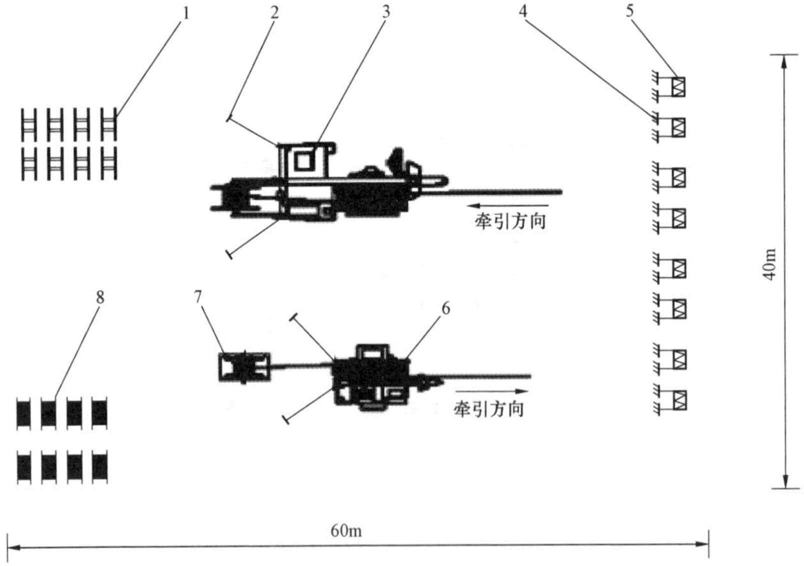

图 4–4–10 一牵（四+四）牵引场布置示意图

1—牵引绳空盘；2—地锚；3—大牵引机；4—锚线地锚；5—锚线架；6—小张力机；7—小张力机尾车；8—牵引绳绳盘

（2）一牵（四+四）张力场布置图，如图 4–4–11 所示。

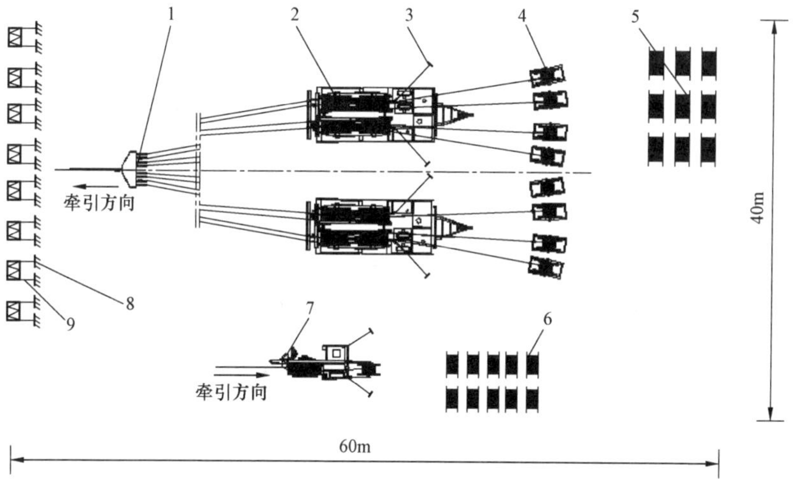

图 4–4–11　一牵（四+四）张力场布置示意图

1—走板；2—大张力机；3—地锚；4—大张力机尾车；5—导线；6—牵引绳；7—小牵引机；8—锚线地锚；9—锚线架

5. 同步展放同相八分裂导线张牵场布置

（1）2×一牵四牵引场布置图，如图 4–4–12 所示。

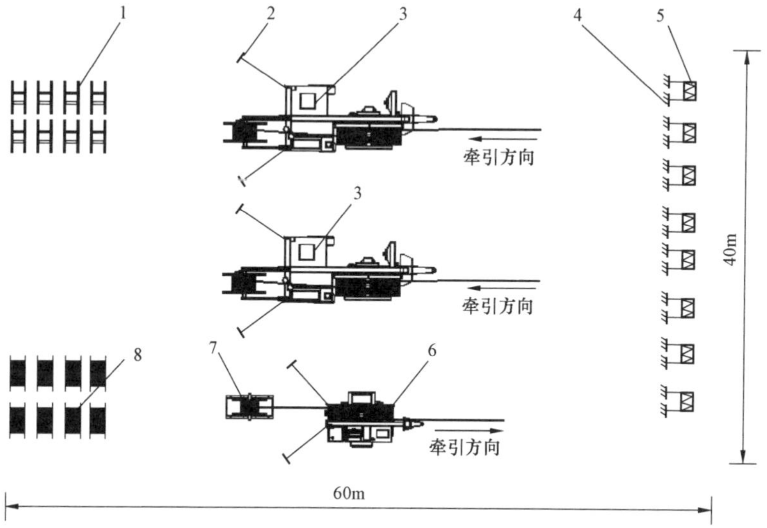

图 4–4–12　2×（一牵四）牵引场平面布置示意图

1—牵引绳空盘；2—地锚；3—大牵引机；4—锚线地锚；5—锚线架；6—小张力机；7—小张力机尾车；8—牵引绳

（2）2×一牵四张力场布置图，如图 4–4–13 所示。

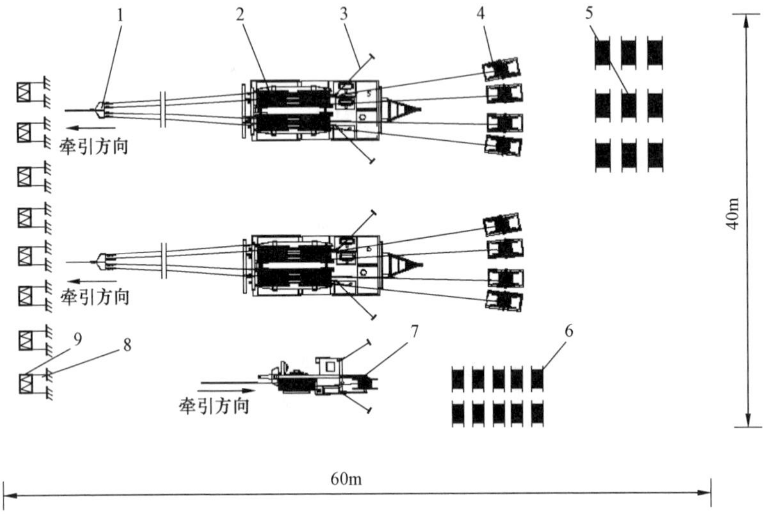

图 4–4–13　2×（一牵四）张力场平面布置示意图

1—走板；2—大张力机；3—地锚；4—大张力机尾车；5—导线；6—牵引绳；7—小牵引机；8—锚线地锚；9—锚线架

【思考与练习】

1. 放线区段的划分原则是什么？牵张场地如何选择？
2. 牵张场布置方法及注意事项是什么？
3. 试简要绘制展放同相六分裂导线张力场的布置示意图。

第五章

牵张设备锚固

模块1　牵张设备锚固及工具（Z48E2001Ⅰ）

【模块描述】本模块介绍用于牵张设备的锚固工具和使用方法。通过对牵张设备锚固工具的类型、结构和作用原理的讲解，使操作人员掌握桩锚、卧式地锚及锚群的使用方法和要求。

【模块内容】

一、牵张设备的锚固

1. 牵张设备锚固的必要性

张力放线是通过牵引机和张力机的配合工作，使被展放的导线保持一定的张力而处于架空状态。为保证张力放线安全进行，牵张设备的地面约束必须要能够平衡其所受的工作拉力。如果牵张设备锚固不可靠，当导线架空展放张力超过地锚对设备的约束能力时，就会造成牵张设备移位，甚至发生事故，这是非常危险的。因此，牵张设备的稳妥锚固对保证张力放线安全和质量是十分必要的。

2. 牵张设备受力及锚固方法

牵张设备在放线时，受到工作拉力、尾绳张力、自重、地面支撑和地锚约束的作用，其中工作拉力和尾绳张力主要通过地锚作用来平衡。牵张设备的锚固是使用锚具、链条葫芦、绳索、U型环等用具将设备固定约束在地面上，以保证设备工作的稳定性，如图5–1–1所示。

牵张设备就位后，应对设备前后支腿地面进行平整和加固（铺垫枕木等）。然后操作牵张机支腿顶升机构，使轮胎不负载，并采取措施（如使用枕木）将机身左右垫平、支稳。

按照牵张设备说明书的要求，用地锚将机身固定。每台主牵张机不少于4个锚固点。小牵张机不少于2个锚固点。牵张设备的锚固点通过手拉葫芦和地锚连接。顺线锚固绳对地夹角应小于45°，侧向锚固绳与机身夹角应小于20°。

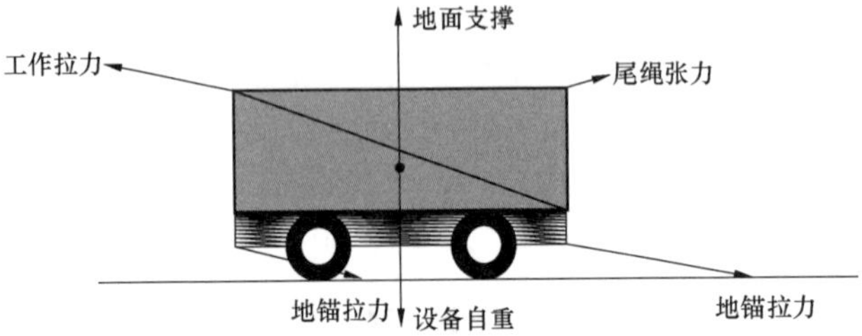

(a)

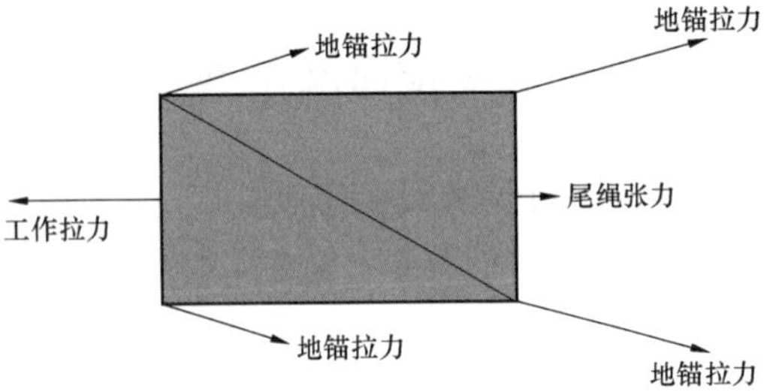

(b)

图 5–1–1　牵张设备锚固受力示意图

（a）正视图；（b）俯视图

牵张设备锚固使用的链条葫芦、钢丝绳、U 型环、双钩、锚具等应符合锚固计算载荷的要求。

二、牵张设备常用锚固工具

张力放线施工中，牵张设备在牵张场地的锚固工具多采用结构简单、使用方便的临时地锚。临时地锚是用来锚固牵张设备、导线轴架、牵引绳轴架、导向滑车、压线滑车以及各种拉线等。不同的工况和环境条件下，所采用的锚具不同。目前，在输电线路施工中，常用的临时地锚有卧式地锚、立锚桩、钻桩、铁桩以及它们组合使用的锚群等。

1. 卧式地锚

（1）卧式地锚的结构。卧式地锚是指埋设在地坑内的坑锚，按其构造分为圆木地锚和钢板地锚两种，两者作用和埋设方法基本相同。

圆木地锚采用短圆木作为锚体，以钢丝绳套锚固于圆木中部而成，如图 5–1–2 所示。圆木地锚容易损伤和腐烂，对木材质量要求比较高，一般多采用杉木。目前，圆木地锚已很少使用。

钢板地锚采用钢结构件加工制作。锚体正面为钢板挡板，背面为焊固的加筋板结构。钢板地锚拉环一般采用相应规格的 U 型环与锚体主筋板框架焊接而成，如图 5–1–3

所示。钢板地锚因锚固力大、安全性好，在张力架线中普遍使用。

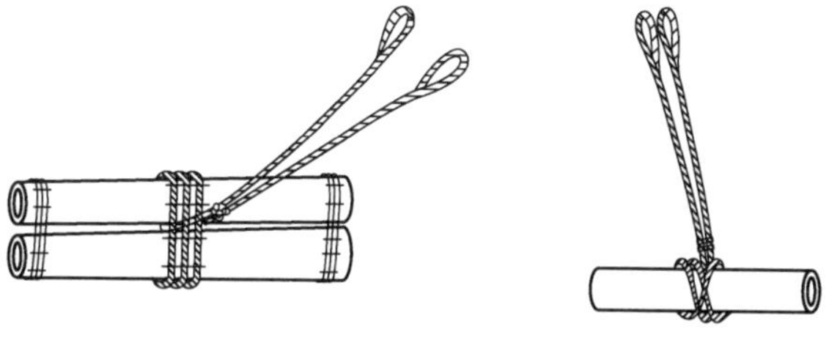

(a) (b)

图 5–1–2 圆木地锚

（a）两根圆木组合地锚；（b）单根圆木地锚

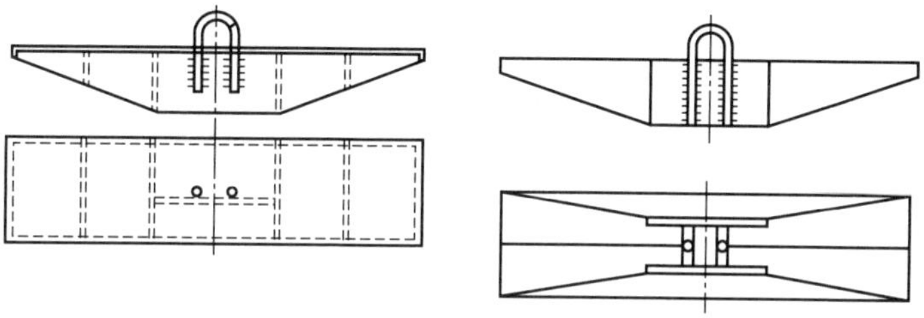

图 5–1–3 钢板地锚结构示意图

张力放线中，常用的钢板地锚的参数见表 5–1–1，对照说明如图 5–1–4 所示。

表 5–1–1 送电线路常用钢板地锚参数统计表

序号	名称	规格	L_1/mm	L_2/mm	L/mm	拉棒直径 d/mm	埋深/m
1	钢板地锚	5T	200	300	1200	25	1.8
2	钢板地锚	10T	250	400	1500	36	2.2

（2）卧式地锚使用及注意事项。

1）施工前应进行外观检查。凡表面严重腐蚀，结构变形，拉棒连接不牢者，不得使用。

2）卧式地锚不得超负荷使用。

3）设置地锚时，应尽可能选在地面干燥，无地下水，雨后无积水的地方，以提高地锚的稳定性。在水田或有地下水的地方设置地锚时，除地锚必须在坑内放平外，回填土时坑内的积水应排去，地锚两侧的回填土要均匀，不得一

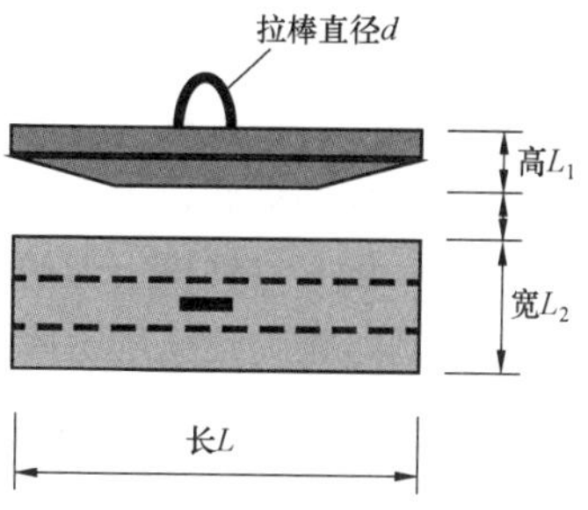

图 5–1–4 常用钢板地锚参数对照说明图

侧填得实，一侧填得松，以防受力后从一侧拔出。

4）对于没有安装拉环的卧式地锚，应采用 U 型环与地锚预留孔连接，不得用钢丝绳或铁丝绑扎。

5）卧式地锚的埋设和培土时，应使拉棒垂直于地锚钢板面，以保证受力面与计算条件相符，否则承载力将降低。

6）在地锚坑底部的受力侧应掏挖小槽，槽深不小于 150mm，钢板应水平安置在小槽内，埋设深度应符合安全使用要求。两种卧式地锚埋设示意图如图 5–1–5 所示。

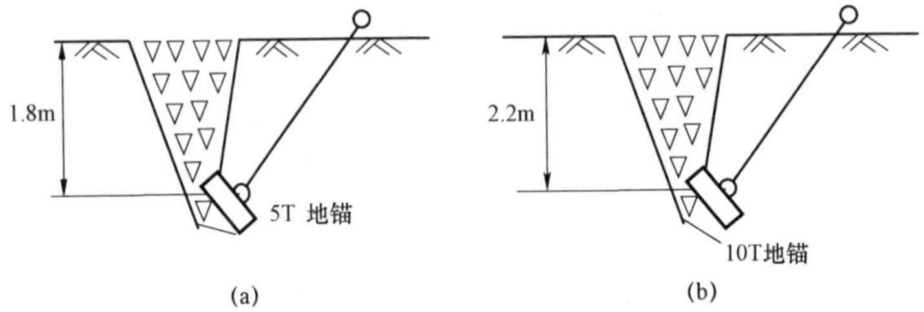

图 5–1–5 卧式地锚埋设示意图

（a）5T 地锚埋设示意图；（b）10T 地锚埋设示意图

7）地锚坑的受力侧应掏挖马道，使地锚的钢丝绳套落在马道内，马道对地平面夹角不应大于 45°。

8）地锚坑的回填土必须分层夯实，回填高度应高出原地面 200mm，同时要在表面做好防雨水措施。

9）一般情况下，地锚和钢丝绳套子的匹配应符合相关技术要求。

2. 钻桩的使用

（1）钻桩的结构。钻桩地锚又简称钻桩，钻桩利用螺旋叶片旋转钻入土壤一定深度，从而产生锚固力，是一种使用方便、应用广泛的锚具。钻桩既可单独使用，也可以组合成地锚群使用。

钻桩进钻时，将推杠（一般用钢管或撬棍）穿入拉环内，钻杆垂直于地面，使用人力推转推杠使钻桩旋入土中，一直钻到预定深度为止。钻桩常与挡土板配套使用。在钻桩受力一侧紧靠钻桩上端的浅土层里埋设一个挡土板，挡土板与钻杆上端接触，使用挡土板可以增大浅土层土壤的受力面积，有效增强钻桩的锚固力。

钻桩结构如图 5–1–6 所示，是用圆钢作钻杆，下端有螺旋叶片。前送电线路常用钻桩技术参数见表 5–1–2。

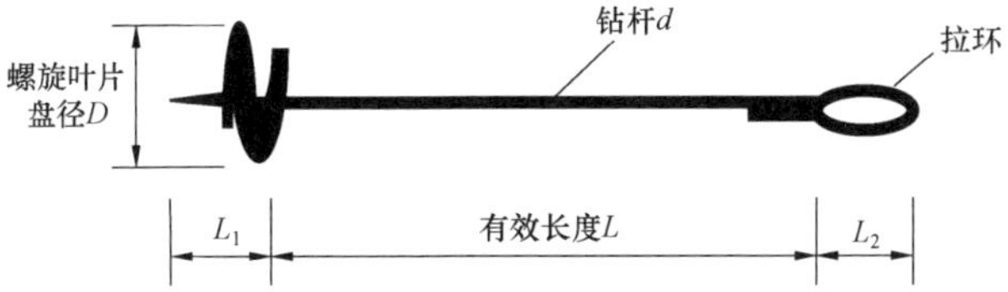

图 5-1-6　钻桩结构示意图

表 5-1-2　　送电线路常用钻桩技术参数表

序号	名称	规格	L_1/mm	L_2/mm	L/mm	直径 d/mm	盘径 D/mm	埋深/m
1	钻桩	1.3m	150	150	1000	φ32	240	1.15
2	钻桩	1.5m	200	200	1100	φ32	300	1.3
3	钻桩	1.8m	200	200	1400	φ36	300	1.6
备注								

（2）钻桩使用注意事项。

1）钻桩在使用前，应进行外观检查，确保完好，凡存在脱焊、变形等损坏的，不得使用。

2）钻桩钻入点应选在土质易于入钻的地方。钻杆应垂直地面入钻，不宜斜向入钻。

3）钻桩入钻深度必须到位，钻桩顶露出地面长度不得超过 150mm。

4）钻桩拉环方向应保持与受力方向一致，挡土板埋设应保持与受力方向垂直，否则受力后易出现钻桩拉环、挡土板移位等情况。

5）对重要的锚固点，应进行拉力试验，试验合格后方可使用。

3. 立锚桩的使用

（1）立锚桩的结构。立锚桩是用 3～6mm 厚钢板卷制和电焊制成，也可用圆木制作，其直径为ϕ190mm（与螺旋打洞锹相配的直径），长度 2.0～2.5m。它主要用于软塑黏土或亚黏土地区代替地锚，如图 5-1-7 所示。尤其适用于有地下水的水田里。由于立锚桩要用螺旋锹打洞，对土质中含有石块或流沙地带，因打不成孔不能使用。如果单桩稳定力不够，可采取双桩、三桩和群桩，如图 5-1-8 所示。它的承载力虽比卧式地锚小，但施工简便，占地小，省工省时，一般在河网水田地区使用较普遍。立锚桩根据受力的不同，分为普通型立锚、加强型立锚和横向钢管三种。

设置立锚桩时，先在立锚位置上挖一个圆形槽，将螺旋打洞锹向受力方向倾斜 15°～20° 竖立在地槽内，用人工旋转下挖，至规定深度为止。挖好后应形成直径约ϕ20cm 的斜向洞孔，然后将立锚插入洞内。

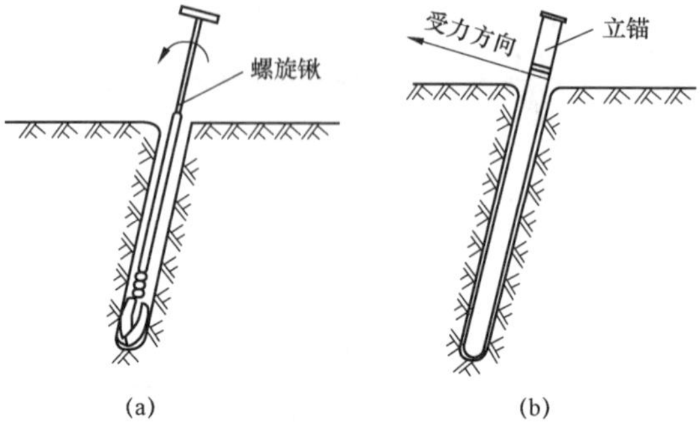

图 5–1–7 立锚桩

（a）打洞；（b）单立锚桩

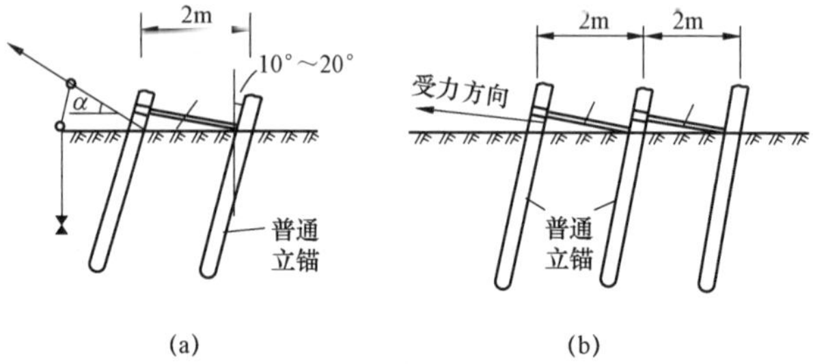

图 5–1–8 双桩、三桩立锚桩

（a）双桩立锚桩；（b）三桩立锚桩

（2）立锚桩使用注意事项。

1）立锚桩使用前，应进行外观检查，确保完好。凡有整体折弯、局部变形或裂损的，均不得使用。

2）立锚桩周围不得有积水，在软土或回填土内不宜使用。

3）对重要的锚固点，应进行拉力试验，试验合格后方可使用。

4）立锚桩倾斜的方向与受力方向相反。如果受力方向改变，偏离立锚受力方向超过 15°，应重新设置。

5）立锚桩插入土中后，端部露出长度不得小于 40cm，露出过短会影响钢丝绳的绑扎，过长则埋深不够。

6）选用立锚桩时，如果单桩、双桩不能满足要求，可采用多根串联桩或三角梅花桩。

7）不得用普通立锚代替横向钢管，也不得用普通立锚代替加强型立锚。

4. 铁桩

铁桩结构简单、使用方便，常用于设置简易的、负载小的锚固点。铁桩采用角钢制成，端头尖锐，方便其嵌入土壤。铁桩的安装和使用类似于立锚桩，不同之处是立锚桩在安装前由螺旋锹打洞，而铁桩则由人工直接抡大锤砸进土壤。在张力放线中，多用于主牵引绳支撑架和导线盘支撑架的锚固。铁桩的使用如图 5–1–9 所示。

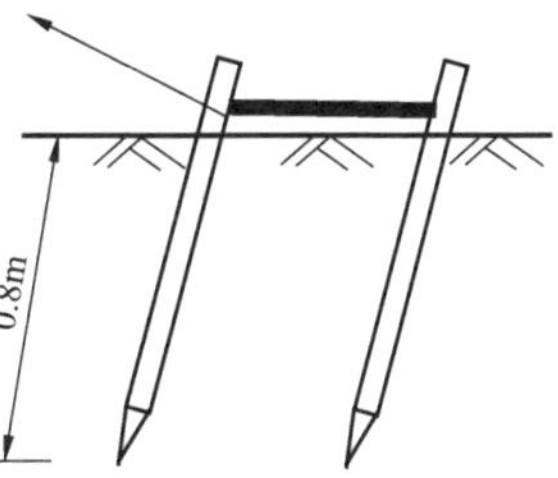

图 5–1–9　铁桩使用示意图

5. 地锚群的使用

（1）地锚群的构成。送电线路施工中，单个桩锚无法满足牵张设备的锚固要求时，将数个桩锚连接在一起形成一组地锚群，以提供所需的地面锚固约束。地锚群约束合力指向牵张设备的锚固点。距离牵张设备的锚固点最近的锚桩，称为主锚桩，主锚桩通过链条葫芦和牵张设备连接。

地锚群构成形式多样，各桩锚成直线或三角形排列。各桩锚由拉杆、双钩、U 型环等连接，其间距应符合相关参数要求。常用的几种地锚群平面布置示意图如图 5–1–10 所示。

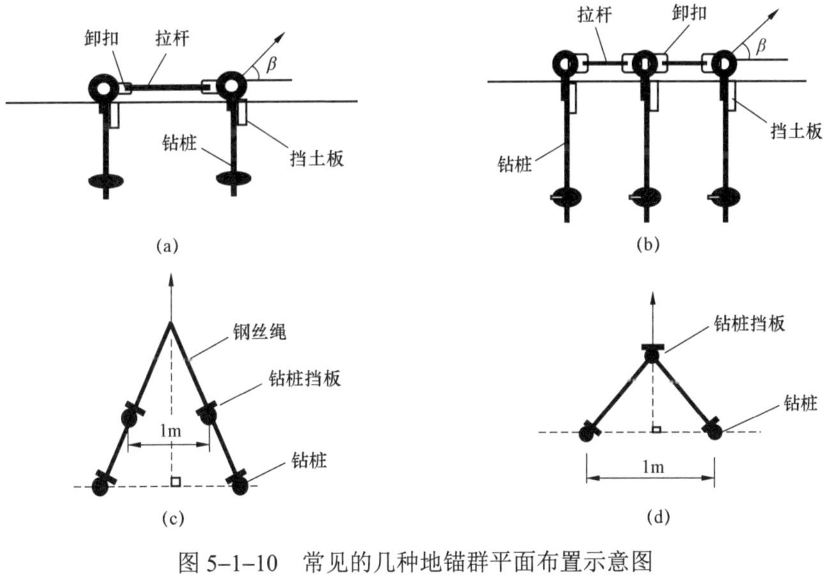

图 5–1–10　常见的几种地锚群平面布置示意图

（a）一双桩；（b）一三桩（一字形）；（c）一四桩；（d）三桩（三角形）

（2）地锚群使用注意事项。

1）地锚群使用过程中，一般前面第一根锚桩（主锚桩）受力最大，最容易损坏、被拔起，而后面锚桩不是平均分担所受荷载。因此在承受较大荷载（大于 5t）时，应采用两排或三排地锚群。

2）采用地锚群时，两个锚桩之间保持合适间距，地锚群受力后，前后锚桩能同时承担负载。使用拉杆和两个卸扣连接锚桩时，间距略大于拉杆和 2 个卸扣长度之和（5cm 以下）；使用双钩和两个卸扣连接锚桩时，间距应大于双钩最短长度和 2 个卸扣长度之和（10～15cm）。

3）地锚群受力方向对地夹角不得大于 45°，最好控制在 30° 以内。

4）地锚群使用两个主锚桩时，宜采用 4 个或 6 个锚桩组成两排地锚群，两个主锚桩之间用钢丝绳索连接，绳套规格和长度根据现场实际受力大小选用。

【思考与练习】

1. 张力放线施工中，牵张设备常用锚桩的类型有哪些？
2. 卧式地锚使用注意事项有哪些？
3. 钻桩使用注意事项有哪些？
4. 试简要绘制三种地锚群的平面示意图。

模块 2 锚固的强度计算及安全检验（Z48E2002Ⅲ）

【模块描述】本模块介绍牵张设备锚固的强度计算及安全检验相关知识。通过计算方法讲解和应用举例，使操作人员掌握桩锚的强度计算方法及其应用，熟悉牵张设备锚固力学检验的方式和方法。

【模块内容】

一、地锚抗拔力的校验计算

在施工中往往用地锚固定牵引设备和临时拉线。地锚的允许上拔力应不小于牵引力，如图 5–2–1 所示的地锚，其抵抗上拔力可按下式计算：

$$T_0 = \frac{Q}{K_2} + \frac{V_t \rho_0}{10K_1} \geqslant T\sin\alpha \tag{5-2-1}$$

$$V_t = h\left[ld + h(d+l)\tan\alpha + \frac{4}{3}h^2\tan^2\alpha\right] \tag{5-2-2}$$

式中 T_0 ——地锚的抵抗上拔力，N；

Q ——地锚自身荷载，一般较轻可忽略不计，N；

V_t ——拔出的土体积，m^3；

ρ_0 ——土壤计算密度，kg/m^3；

T ——上拔牵引力，N；

K_2 ——地锚自重荷载安全系数，取 1.2～1.5；

K_1 ——土壤稳定安全系数，取 2.0～2.5；

h ——地锚埋深，m；

l ——地锚长度，m；

d ——地锚直径或宽度，m；

α ——土壤计算上拔角，（°）。

土壤的上拔角和计算密度可按表 5–2–1 选用。

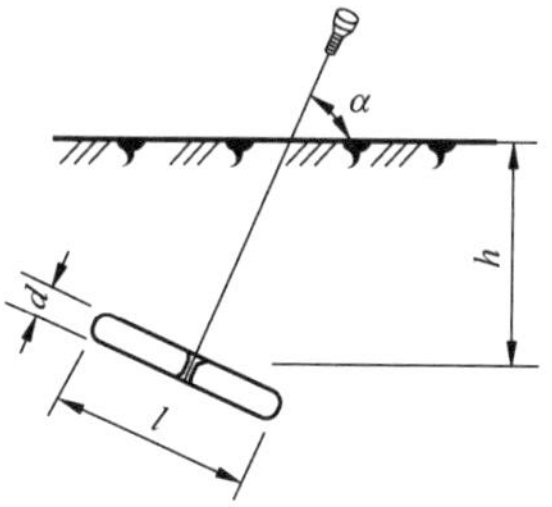

图 5–2–1　地锚埋设

表 5–2–1　　**土壤的上拔角和计算密度表**

参数 \ 土质	黏土、亚黏土、轻亚黏土			粗砂中砂	细沙粉沙
	坚硬硬塑	可塑	软塑		
ρ_0 /（kg/m³）	1700	1600	1500	1700	1600
α（°）	25	20	10	28	26（细砂） 22（粉砂）

二、牵张设备锚固力学检验

1. 锚桩的破坏形式

锚桩的破坏主要有以下三种形式：

（1）锚坑的抗拔力不够，锚体被拔出。

（2）锚坑的抗拉力不够，引起锚坑被破坏，而使锚固失效。

（3）锚体自身的结构强度不够，而发生断裂破坏。

2. 锚桩的检验方法和场地布置

根据特定施工场地的地质条件和技术要求，在锚桩埋设完成后，应对其进行承载力预拉试验，以检验该环境条件下锚桩和锚坑是否符合牵张设备锚固的安全工作需要。

锚固的力学检验方法一般采用现场锚桩对拉试验，即使用钢丝绳、链条葫芦、拉力表、U 型环等将两组锚桩串接，由人力拉动链条葫芦收紧钢丝绳使锚桩受力。为模拟牵张设备工作条件下锚桩的受力工况，在两组锚桩的中部，应采取顶撑措施（如使用朝天滑车、枕木或抱杆等)，使串接钢丝绳产生对地夹角。

锚桩检验使用的钢丝绳、链条葫芦、拉力表、U 型环等工具应满足锚桩满载受力要求。

锚桩的力学检验现场布置示意图如图 5–2–2 所示。

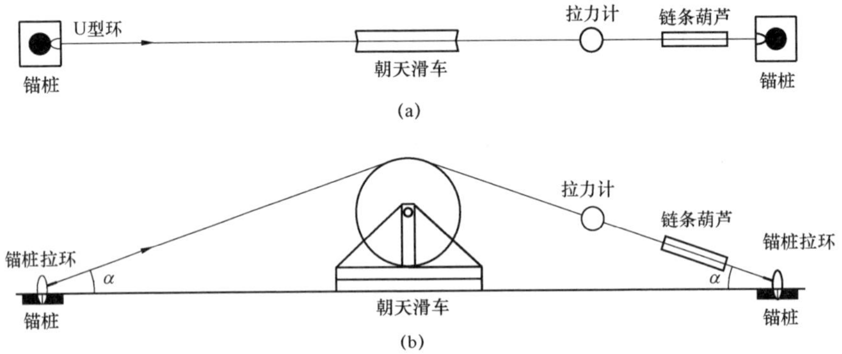

图 5–2–2 锚桩的力学检验现场布置示意图

（a）平面图；（b）立面图

3. 锚桩力学检验要求和步骤

牵张设备锚桩的力学检验是一种安全检验，而非破坏性试验。试验载荷即为锚桩的最大允许载荷，对地夹角应不小于牵张设备锚固的实际值。

试验时，先将链条葫芦松至最长，钢丝绳长度以保持两组锚桩张紧连接为宜。然后，匀速收紧链条葫芦的链条，待拉力表显示拉力达到锚桩允许荷载的 100%时，停止加力并保持 2min，观察地锚或钻桩群有无移动情况。

4. 锚桩变形及破坏的规定

锚桩埋设时，与土体之间不可避免地存在间隙，在开始受力后会立即产生位移，但此时的锚桩和土体尚没有完全受力，该位移不应被视为锚桩对土体造成破坏形变。试验时，一般规定锚桩和土体的破坏变形起始点为：

（1）钻桩以第一个钻桩水平位移 50mm 左右，不发生上拔作为钻桩受力开始变形的依据，第一根（群桩）钻桩受力后向上滑移达到 150mm 作为钻桩破坏的依据，水平位移达到 250mm 也应作为钻桩破坏的依据。

（2）地锚以前墙与回填土之间的地表出现 2～3mm 裂纹作为地锚受力开始变形的依据，地锚破坏以前墙土体承受荷载不再增加作为地锚及土体破坏的依据。

5. 牵张设备锚固安全注意事项

（1）牵张设备锚固使用的所有受力工器具在使用前均应进行检查，合格后才可使用。

（2）地锚、钻桩、铁桩和挡土板埋设必须有技工带领操作，并有专人进行检查验收。

（3）锚桩力学检验应设专人观察锚具、顶撑滑车和拉线变形情况。

（4）锚桩力学检验时所有施工人员严禁站在受力绳索的内侧。

（5）试验拉力严格按规定要求设定，拉力严禁超过最大试验值。

（6）试验时，锚桩的受力随着试验拉力的增大而增大，应实时检查锚桩的受力情况，发现锚桩破坏变形后，应立即停止试验；当锚桩出现移位过大、锚坑破坏等情况时，也应立即停止试验。

【思考与练习】

1. 地锚抗拔力如何计算？

2. 锚桩的力学检验方法是什么？

3. 实际张力放线过程中，如何判断锚桩群开始受力变形？

第六章

牵张设备性能检查

模块1　牵张设备作业前性能检查（Z48E3001Ⅰ）

【模块描述】本模块介绍牵张设备作业前性能检查。通过检查项目和检查要求的讲解，使操作人员掌握牵张设备开机前检查、发动机运行检查、液压传动机构运行检查等的内容和要求。

【模块内容】

牵张设备作业前性能检查对于保障牵张设备在张力放线作业中顺利运行有着非常重要的作用。牵张设备虽然经过出库前的整机检查，但在经长途运输至作业现场的过程中，以及设备摆放在现场未运行的时段，均有可能发生各类问题，诸如管路漏油、漏水、缺电等。这些问题会影响设备的正常运转，延误工期，甚至造成事故。所以，在开机前应对设备进行仔细的检查。

牵张设备作业前性能检查分为静态检查和动态检查两部分。

一、静态检查（开机前检查）

开机前检查包括以下方面：

1. 操作柜部分

（1）电源、起动、油箱、面板等钥匙齐全，无缺损。

（2）指示灯齐全完好，无缺损。

（3）仪表齐全完好，无缺损。

（4）操作手柄（油门、支腿、收放线、制动、冷却等手柄）完好，无缺损。

（5）阀调节旋钮、工况选择开关等完好，无缺损。

（6）熔断器盒、熔丝齐全完好，无缺损。

2. 结构件部分

（1）拖杆及连接销齐全、完好，无缺损。

（2）机桥轴头完好，无损。

（3）轮制动器手柄、拉条（或拉杆）、制动器齐全完好。

（4）总成件与机架连接螺栓齐全完好，无松动、缺损。

（5）支腿及其连接销齐全完好，无变形、裂损。

3. 进出线机构部分

（1）进出线辊轮及支架完好，无缺失、转动不灵、损坏、变形、松动。

（2）张力轮并轮附件（连接销）完好，无缺损。

（3）张力轮或牵引卷筒轮槽完好，无异常磨损、变形。

（4）张力轮或牵引卷筒轮缘板完好，无缺失、变形，连接螺栓无松动或缺损。

（5）张力轮或牵引卷筒传动链条、传动齿轮完好，无损坏。

（6）计数器及其传动机构完好，无损坏。

4. 液压电气部分

（1）液压油箱完好，无漏油。

（2）液压油滤芯及其堵塞压力表、报警器完好，无损坏。

（3）液压管路完好，无漏油、老化。

（4）液压管路布置整齐、保护措施得当，无凌乱、磨损。

（5）尾架输出接头完好，无漏油、损坏。

（6）减速器油标及呼吸阀完好，无损坏、漏油。

（7）液压开关、阀、泵、马达、油缸完好，无漏油、损坏。

（8）电气线路布置整齐、保护措施得当，无凌乱、磨损。

5. 滤芯、油液、润滑、电瓶部分

（1）空滤、燃油滤芯、机油滤芯、液压油滤芯完好。

（2）液压油、机油、齿轮油、燃油、冷却液等液位（数量）及质量合格，无缺少、变质超标。

（3）润滑脂泵和润滑脂管路完好，管路无老化、断损。

（4）滑脂润滑点润滑良好，不缺脂。

（5）水箱、燃油箱完好，无渗漏、变形、箱盖缺失。

（6）水箱开关完好，开关自如不渗漏。

（7）电瓶完好，电瓶液位合格、桩头连接牢固、无脏污腐蚀、性能合格。

6. 检查牵张设备附属设施

（1）导线及牵引绳尾车情况。

（2）检查设备锚固情况。

（3）检查设备配套的安全用具情况（如设备接地，接地滑车，绝缘胶板及手套等）。

二、动态检查

1. 发动机运行检查

（1）发动机运转正常，无抖动、异响。

（2）发动机机油压力正常。

（3）发动机温度（水温、机油温度）正常。

（4）发动机故障指示灯指示正常。

（5）充电系统正常，发动后指示灯灭。

（6）发动机工作时间表正常指示。

2. 液压传动机构运行检查

（1）液压泵、马达运转正常，无异响、温度不高。

（2）支腿升降机构升降平稳，无卡滞、泄压自降。

（3）液压油冷却系统完好，温控系统和冷却强度正常可控。

（4）张力轮或牵引卷筒正反转正常；制动系统正常。

（5）补油压力正常。

（6）液晶控制面板完好，能正常显示、设置。

（7）液压油滤芯堵塞指示灯指示正常（滤芯堵塞，灯亮）。

（8）张力或牵引力预设正常，可正常设置。

【思考与练习】

1. 牵张设备静态检查哪些部分，各有什么内容？

2. 牵张设备动态检查哪些部分，各有什么内容？

3. 为什么要进行牵张设备作业前性能检查？

模块 2 牵张设备性能鉴定（Z48E3002Ⅱ）

【模块描述】本模块介绍牵张设备性能鉴定的方法和要求。通过牵张设备性能鉴定操作过程的讲解，使操作人员掌握牵张设备空载和负载性能鉴定的方法和要求，了解《输电线路张力架线用牵引机通用技术条件》（DL/T 372—2019）、《输电线路张力架线用张力机通用技术条件》（DL/T 1109—2019）等文件对牵张机试验的相关规定和要求。

【模块内容】

牵张设备在维修后和出库前，均需要对设备的性能进行检测，以鉴定设备性能能否达到设备应有的要求。性能鉴定是在整机检查的基础上，对牵张设备的主要技术性能进行空载鉴定和负载鉴定。

一、空载鉴定

1. 空载鉴定的作用

空载鉴定是指通过设备空载试车，对牵张设备的各项性能指标进行检测，确认其性能指标能否达到其应有的要求。空载鉴定一般用于近期工作状态稳定的牵张设备，以及工程施工条件良好、方案成熟、无特殊技术要求的牵张设备。

2. 空载鉴定要求

（1）发动机运转正常：运转平稳、无异响，动力足，机油压力正常，温度正常。

（2）传动系统运转正常：张力轮或牵引卷筒正反转正常，尾车转动正常。

（3）进出线机构运转正常：导向辊轮转动灵活，排线机构工作正常，卡线机构工作正常。

（4）支腿工作正常：支腿升降机构升降平稳，无卡滞、泄压自降。

（5）液压冷却系统正常：冷却装置温控系统完好，冷却装置能正常工作。

（6）张力或牵引力预设系统完好：张力或牵引力可以按要求进行预设，能达到最大值。

（7）牵引机过载保护装置完好。

（8）制动器完好。

（9）紧急停机装置完好。

（10）各系统压力可通过调整阀进行调整。

（11）仪表、指示灯、报警器齐全完好，能正确反映相关参数、信息。

（12）开关控制功能正常。

牵张设备空载鉴定记录表示例见表 6–2–1。

表 6–2–1　　牵张设备空载鉴定记录表

设备名称			规格型号	
检验方式		空载试车	检验工具及仪器	牵张设备控制系统及仪表
测试内容	传动系统			
	操纵系统			
	润滑系统			
	电气系统			
	其他部分			
检验结果				
检验人员			检验日期	

二、负载鉴定

1. 负载鉴定的作用

负载鉴定是在空载鉴定的基础上，对牵张设备的性能进行实际负载情况下的试验检测，以进一步确认其性能指标能否符合应有的要求。负载鉴定一般用于新购置的、大修后的牵张设备，以及工程施工技术要求（张力或牵引力、放线速度等）接近设备的技术指标极限的牵张设备。

负载鉴定通过牵张机模拟张力放线作业实际工况，检测牵张设备的平稳性和可靠性，鉴定牵张设备的张力或牵引力的最大稳定值、牵引速度和尾车压力等指标是否符合设备应具有的要求。

2. 负载鉴定的步骤

（1）规划和设置牵张设备负载鉴定试验场地，并做好工器具的准备工作。

（2）根据牵张设备负载试验要求，进行设备布置和锚固。牵引机、张力机及尾车的锚固应满足设备负载鉴定安全要求。某牵张设备负载鉴定的布置和锚固示意图如图 6–2–1 所示。

（3）对牵张设备进行空载鉴定，要求空载鉴定各项性能正常。

（4）模拟张力放线作业工况，牵引机和张力机配合工作，牵引力和张力按额定荷载的 50%、100%、125%三种工况来检验牵张设备的性能是否达标，并做好记录。每种试验工况持续时间应不少于 5min。

牵张设备负载鉴定记录表示例见表 6–2–2。

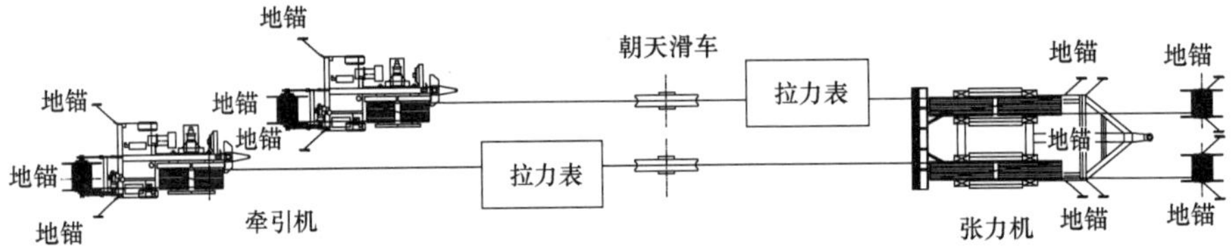

图 6–2–1 某牵张设备负载鉴定的布置和锚固示意图

表 6–2–2 牵张设备负载鉴定记录表

实验工况		试验载荷	半载/kN	满载/kN	超载/kN
		持续时间	××/min	××/min	××/min
牵引机负载鉴定	牵引卷筒	实验牵引力			
		对应张力			
		牵引速度			

续表

实验工况		试验载荷	半载/kN	满载/kN	超载/kN
		持续时间	××/min	××/min	××/min
牵引机负载鉴定结果	1. 牵引机最大持续牵引力及对应速度是否达标				
	2. 牵引机最大牵引力是否达标				
	3. 牵引机最大速度及对应牵引力是否达标				
	4. 牵张机运行平稳性及制动可靠性是否良好				
	5. 牵张机总体性能评定				
张力机负载鉴定	1 号张力轮	实验张力			
		对应牵引力			
		牵引速度			
	2 号张力轮	实验张力			
		对应牵引力			
		牵引速度			
张力机负载鉴定结果	1. 张力机最大持续张力是否达标				
	2. 张力机最大制动张力是否达标				
	3. 张力机运行平稳性及制动可靠性是否良好				
	4. 张力机总体性能评定				
检验人员			检验日期		

3. 负载鉴定的合格要求

（1）负载鉴定需要牵张设备反复对拉牵引试验，实测数据符合设备性能规定要求。

（2）通过静态制动试验，牵张设备制动性能可靠，张力轮或牵引卷筒无转动，符合规定要求。

（3）通过模拟工况试验，牵引机在各种工况下的最大持续牵引力和最大牵引速度、张力机在各种工况下的最大持续张力和尾车张力应符合规定要求，各仪表读数正常，各项性能稳定可靠。

（4）牵张设备在试验过程中的平稳性和可靠性良好。

（5）设备发动机、主泵、主马达、减速机、制动器等部件工作均正常。

（6）牵张设备机械、液压、电气等系统均工作正常。

4. 负载鉴定注意事项

负载鉴定是牵张设备额定载荷甚至超负荷工况条件下的检验操作，应注意以下安全事项：

（1）所有施工人员必须经过岗前技术、安全培训，确保参加施工的每个人员都熟悉并掌握实验过程和步骤，做到分工明确、责任到人。

（2）操作人员持证上岗，按操作规程安全操作牵张设备。

（3）保持通讯畅通或旗语统一。

（4）设定试验区域并设围栏、警示牌。

（5）所有用于实验的工具应在实验前进行检查，并确认合格。

（6）牵引机、张力机机体要稳妥接地。

（7）牵张机的锚固需要检验，确认合格。

（8）实验时，悬空的牵引绳下方不得站人，任何人员不得在危险区。

（9）负载鉴定必须按牵张设备试验载荷、工作速度和持续时间等要求逐项检验。

三、牵张设备试验

以上所述牵张设备空载鉴定和负载鉴定一般是由施工企业组织牵张机操作相关人员完成的。在《输电线路张力架线用牵引机通用技术条件》（DL/T 372—2019）、《输电线路张力架线用张力机通用技术条件》（DL/T 1109—2019）等文件中，对牵引机和张力机的各类型试验做了具体规定和要求。

1. 牵张设备试验报告检测内容及依据（表 6–2–3 和表 6–2–4）

表 6–2–3　　牵引机试验检测内容

试验类型	检测内容	依据标准
定型试验	技术文件审查、一般安全技术性能检查、空载试验、额定牵引力及最大牵引速度试验、最大牵引力试验、制动器制动性能试验	《架空输电线路施工机具基本技术要求》（DL/T 875—2016）、《输电线路张力架线用牵引机通用技术条件》（DL/T 372—2019）
出厂试验	一般安全技术性能检查、空载试验、额定牵引力及最大牵引速度试验、最大牵引力试验、制动器制动性能试验	《输电线路张力架线用牵引机通用技术条件》（DL/T 372—2019）
年检	外观检查、1.25 倍额定牵引力试验	《电力建设安全工作规程　第 2 部分：电力线路》（DL 5009.2—2013）
第三方试验检测	外观检查、1.25 倍额定牵引力试验	委托试验单位要求、《电力建设安全工作规程　第 2 部分：电力线路》（DL 5009.2—2013）、《输电线路施工机具基本技术要求》（DL/T 875—2019）

表 6–2–4 张力机试验检测内容

试验类型	检测内容	依据标准
定型试验	技术文件审查、一般安全技术性能检查、空载试验、额定张力试验、最大张力试验、制动器制动性能试验	《输电线路施工机具基本技术要求》(DL/T 875—2016)、《输电线路张力架线用张力机通用技术条件》(DL/T 1109—2019)
出厂试验	一般安全技术性能检查、空载试验、额定张力试验、最大张力试验、制动器制动性能试验	《输电线路施工机具基本技术要求》(DL/T 875—2016)、《输电线路张力架线用张力机通用技术条件》(DL/T 1109—2019)
年检	外观检查、1.25 倍额定张力试验	《电力建设安全工作规程　第 2 部分：电力线路》(DL 5009.2—2013)
第三方试验检测	外观检查、1.25 倍额定张力试验	委托试验单位要求、《电力建设安全工作规程　第 2 部分：电力线路》(DL 5009.2—2013)、《输电线路施工机具、基本技术要求》(DL/T 875—2016)

2. 牵引机试验方法

牵引机的各项试验可以通过重物或张力机等实现加载。

（1）空载试验。

1）在空载工况下启动牵引机，以 75%的最大牵引速度运转 1h，进行正反转及制动操作，检查换向及制动是否正常。

2）最大牵引速度运转 1h，检查各部是否正常。

（2）负载试验。

1）额定牵引力试验。通过改变张力机张力或重物的重力达到牵引力的额定牵引力，通过调整变量泵排量、泵出口压力或变速箱换挡手柄，调节发动机油门，直到额定牵引速度，记录牵引力和牵引速度，重复三次。

在额定牵引力和额定牵引速度下连续不间断试验 2h，牵引机各项性能应符合技术要求。

2）最大牵引速度试验。通过调整变量泵排量、变速箱换挡手柄及调节发动机油门，使牵引机达到最大牵引速度。逐渐增加牵引机的牵引力，直到发动机转速下降时停止增加牵引力，记录牵引速度和相应的牵引力，重复三次，其平均值应不小于牵引机的标定值。

3）最大牵引力试验。过载试验在负载试验通过后进行，加载后使牵引机牵引力增加到额定牵引力的 1.2 倍，慢速牵引，重复三次，每次在牵引过程中间进行快速制动，并停留 1min，应无牵引卷筒反向转动或牵引钢丝绳在卷筒上反向相对滑移现象。

4）制动试验。除上述试验过程中进行的制动操作外，还应进行制动试验。对制动器施加 1.5 倍的最大牵引力对应力矩，并停留 1min，制动器应无打滑现象。试验重复 3 次。

3. 张力机试验方法

张力机可以通过牵引机等进行各项加载试验。

Z、ZQ 型张力机牵引功能试验按照《输电线路张力架线用牵引机通用技术条件》（DL/T 372—2019）进行。

（1）空载试验。起动牵引机等牵引设备，使张力机在额定放线速度下运转 1h，检查制动及各部件是否正常。

（2）额定张力试验。起动牵引机等牵引设备，调节张力达到额定值，调节牵引设备达到张力机额定放线速度。记录放线张力和放线速度，重复 3 次。

在额定张力和额定放线速度下连续试验，累计放线距离不小于 2000m，张力机各项性能符合技术固定要求。

（3）最大张力试验。启动牵引机等牵引设备，调节张力达到张力机最大张力，慢速牵引，在牵引过程中进行 6 次制动试验，累计放线距离不小于 300m。

（4）制动试验。除上述试验过程中进行的制动操作外，还应进行单独制动试验。对制动器施加 1.5 倍的最大张力对应力矩，并停留 1min，制动器应无打滑现象。试验重复 3 次。

【思考与练习】

1. 牵张设备空载鉴定的内容有哪些？

2. 牵张设备负载鉴定的作用是什么？

3. 牵张设备负载鉴定的要求是什么？

第七章

牵 引 机 操 作

模块 1　牵引机作业前操作（Z48E4001 Ⅰ）

【模块描述】本模块介绍牵引机作业前操作。通过对牵引机作业前操作程序的讲解，使操作人员掌握牵引机起动操作、支腿操作、尾绳轮安装操作、预设牵引力操作、液压冷却系统操作的方法和注意事项，了解牵引机简介和牵引机操作安全警告等内容。

【模块内容】

牵引机作业前操作是指在张力机展放导线前，牵引机进行的一系列准备工作，包括牵引机支腿操作、起动操作、尾绳轮安装操作、预设牵引力操作、液压油预热及冷却操作等。

一、牵引机简介

1. 牵引机主要性能参数

牵引机是张力放线中的主动机。它的主要性能参数有最大牵引力、最高速度、最大连续牵引力及对应速度、允许通过最大牵引绳直径和抗弯连接器直径等。它的主要结构参数有卷筒直径、卷筒轮槽数、外形尺寸、自重等。

牵引机卷筒的动力来自变量泵和定量马达组成的闭式液压系统，可以实现卷筒正反旋转方向的无级变速；如果施工被中断或机器出现故障时，常闭式液压制动器工作，使牵引卷筒停止转动；牵引机液压油冷却通过马达散热器主动控制操作，发动机冷却系采用水冷或风冷；牵引机尾绳缠绕装置采用液压控制，并附带自动排线功能，有的牵引机具有专用尾绳夹紧装置；牵引机支腿常采用液压油缸结构。

2. 牵引机控制面板

某型号牵引机的控制面板如图 7–1–1 所示，对应的图示名称见表 7–1–1。

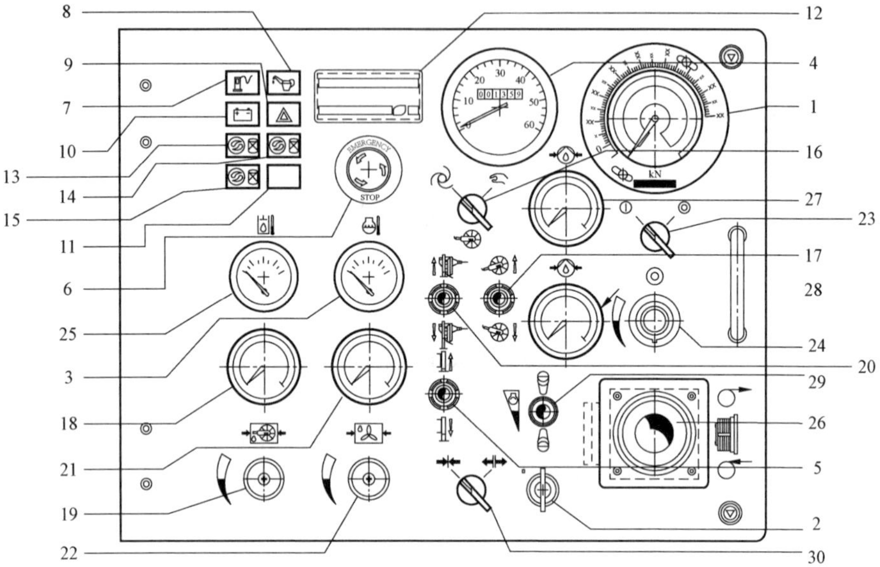

图 7–1–1 某型号牵引机操作面板

表 7–1–1　　　　图示牵引机操作面板的对应名称

序号	名　称	序号	名　称	序号	名　称
1	牵引力表	11	发动机指示灯	21	散热器风扇压力表
2	发动机点火钥匙	12	熔丝	22	散热器风扇压力阀
3	发动机水温表	13	F1 液压油滤芯指示灯	23	牵引力预调开关
4	发动机参数表	14	F2 液压油滤芯指示灯	24	牵引力调整电位计
5	后支腿控制手柄	15	F3 液压油滤芯指示灯	25	液压油油温表
6	紧急停机按钮	16	尾绳缠绕机选择开关	26	主泵操作手柄
7	燃油指示灯	17	尾绳缠绕机控制手柄	27	1#泵补油压力表
8	机油指示灯	18	尾绳缠绕机压力表	28	2#泵补油压力表
9	过载指示灯	19	尾绳缠绕机压力阀	29	控制油门
10	充电指示灯	20	前支腿控制手柄	30	卡绳器选择开关

二、牵引机操作安全须知

（1）操作本机前，应掌握本机的性能特点，经过专业技术培训后持证上岗。

（2）牵引机操作手应充分了解所放区段的理论最大牵引力值、塔形、放线长度、跨越物等情况，做到心中有数。

（3）配套使用的设备应尽可能放在同一侧，避免交叉作业。

（4）在遇有山坡等特殊地形时，牵引机不能简单地顺势放置，必须修整地面，利用垫道木、设备支腿等方法，将牵引机整体调整至水平位置，这样既保证了牵引机的正常受力，也保证了各油箱油位的正确显示。

（5）牵引机的前犁在支撑时要注意，如果土质松软时，要在前犁下面铺垫道木等充分压实，以加强设备的稳定性。

（6）若牵引场地锚坑为石坑，需进行爆破挖掘时，必须先测量分坑，爆破，待挖好后，再进设备，以防设备受损。

（7）设备的锚固装置应可靠，锚固角度符合出厂设计要求，锚固力大于本工段所需最大张力之和。

（8）为防止感应电及跨越电力线路时发生意外，设备应有可靠的接地装置，导线及牵引绳应有接地滑车，特殊情况时操作者应戴绝缘手套，脚下铺设绝缘橡皮。

（9）放线前应确认现场指挥与操作人员联络指令的装置是否工作正常，现场指挥严格按统一规定的信号，给操作手发出正确清晰的指令。

（10）操作设备前，应对设备外观进行检查，并进行空载试机。各仪表指示正常，发动机及液压传动机构运转正常后，方可进行牵引作业。

（11）牵引机液压油始终在正常工作温度范围内。工作过程中，操作手必须注意严格控制油温，必要时应停机休息。冷机起动后必须对液压系统进行预热，待液压油温度升至工作要求时，方可进行作业。

（12）设备使用过程中，补油压力不应低于规定值，否则液压系统将无法正常工作。

（13）设备应在额定能力下运行，严禁超速、超载。

（14）设备不得带病运行。设备发现故障后，操作手有权提出停机作业，操作手对违反安全操作规程要求的指令可拒绝执行。

（15）作业过程中，与张力场及巡线人员的通信联络畅通、可靠。

（16）放线过程中，操作手应根据现场指挥员指令要求，明确信号后再操作设备，当设备状态不能满足指令要求时，应向指挥员汇报，不得野蛮操作设备。

（17）放线过程中，张力机应先于牵引机开机，后于牵引机停机。操作手应密切注意设备的运行情况，留心观察前方牵引绳或导线的运行情况，一旦出现紧急情况需立即停机的，牵引机操作手可先停机后报告，张力机在没有接到牵引机停机的信号前，不得以任何理由制动。

（18）牵引机工作时，操作人员接到任何岗位（沿线或场地人员）的停车信号，都必须立即停止牵引。待查明情况，处理完毕后，方可再牵引。

（19）当抗弯连接器通过牵引轮时，要慢速牵引，避免牵引绳跳槽。连接器在通过牵引轮时，也是受弯矩应力最大的时候，如果速度太快，冲击力太大可能会损坏连接器。

（20）旋转连接器严禁直接进入牵引轮卷筒，因为它不能承受弯矩。

（21）操作人员在加速或减速操作时要平稳，以减少冲击。一般情况下，停车前均应降低转速，但紧急停车除外。

（22）在任何情况下，牵引机都不允许长时间无负载高速运转，这样将使整个传动系统受到损害。

（23）在非紧急状态下，应采取降速停车，尽量不用紧急停车按钮。

（24）送线时要严格按照使用规程操作，切勿送线过快，发生危险（有的牵引机不允许直接扳动手柄送线，而是先逐步降低预调牵引力的溢流阀压力，缓慢送线，待张力平衡后，再扳动变量手柄，主动送线。）

三、牵引机作业前操作

1. 发动机起动

牵引机的起动是柴油发动机的起动，其操作和一般柴油机的操作方式相同。需要注意的是，在起动牵引机前，需要检查确认各液压控制手柄和控制阀的位置在起始位或卸荷位，避免发动机负载起动。牵引机起动操作的每个步骤都必须按要求顺序完成，若不能顺利起动，应查明原因，排除故障。发动机起动后，应检查液压系统的补油压力是否符合设备系统要求值。

牵引机的起动操作步骤如下（具体以设备说明书为准）：

（1）完全打开液压控制阀，散热风扇压力调整阀和尾架压力调整阀左旋至最小（卸荷状态）。

（2）打开蓄电池的电源开关，插入并旋转点火钥匙，顺时针扳动一档，各仪表指示灯、机油压力报警灯、充电指示灯亮，预热指示灯闪亮，其余灯灭。

（3）顺时针扳动起动钥匙，起动发动机。将发动机转速调高至额定转速的一半，检查各仪表工作是否正常。

（4）发动机起动后，应怠速运转一段时间，以预热液压油至15℃以上。

2. 支腿操作

一般牵引机有三个支腿，前支腿为主支腿，采用液压油缸操作，以实现油缸行程范围内任意高度的伸缩和支撑；后支腿为左右两个辅助支撑：一般主牵引机使用液压油缸支腿，小牵引机使用人工操作的抽插式刚性固定支撑装置。

支腿的操作顺序一般为：操作面板对面侧的后支腿——操作面板同侧的后支腿——牵引机前支腿。

支腿操作以牵引机轮胎离开地面不受力、整机就位平稳牢靠为宜。

支腿操作步骤如下（具体以设备说明书为准）：

（1）牵引机按作业要求规定就位和调整方向。

（2）起动发动机，并稍稍调大发动机转速。

（3）修整两个后支腿基础并设置操垫物，伸出后支腿辅助支撑缸，并用固定销将辅助支撑缸伸出高度固定，支撑脚与操垫物间应留合适空隙，以满足前支撑油缸顶升需要。但此空隙不应过大，防止前支撑油缸顶升过程中牵引机重心后倾造成冲击。

（4）操作牵引机支腿控制阀，前支腿液压油缸开始顶升，牵引机卷筒被抬至大致接近工作需要的高度。

（5）将后支撑缸降至地面并锁死支撑高度。若支撑装置被锁销固定后不能接触地面，则需对后支腿基础进行操垫。

（6）再次进行牵引机前支腿顶升操作，使牵引机卷筒满足工作高度需要，同时，轮胎离开地面或接触地面但不负载。

（7）如果在牵引机支腿液压油缸行程范围内无法完成牵引机的支撑工作，可以对牵引机底盘前端建立稳固的临时支撑（如使用枕木等），重新收回前支腿液压油缸，修整和加固前支腿基础后（如使用枕木操垫前支撑基础），再次降下前支腿。牵引机支腿操作是反复调整的作业，通过多次前后支撑高度的调整，以使牵引机整体处于平稳状态。

一般牵引机的支腿液压油缸、液压系统冷却风扇马达和尾绳夹紧油缸等多个输出机构使用同一条液压回路，各执行机构所需要的工作压力不同，操作时应予以注意，根据设备说明书正确操作。

3. 尾绳轮安装

牵引机尾绳轮安装是将牵引绳盘和尾绳轴组装后，装配在牵引机的尾绳卷绕机构上。牵引机尾绳轮结构如图 7–1–2 所示。

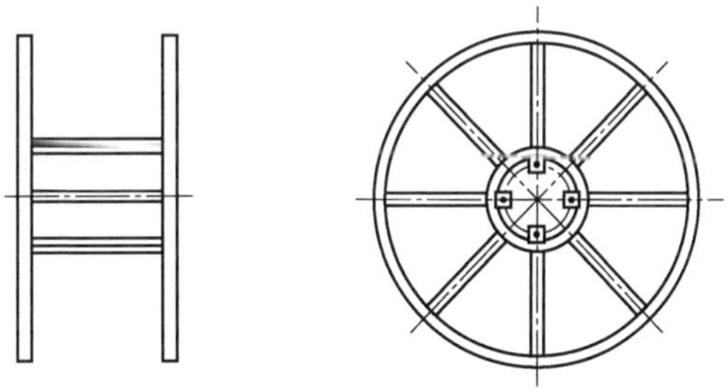

图 7–1–2　牵引机尾绳轮结构图

牵引机尾绳轮安装操作步骤如下（具体以设备说明书为准）：

（1）将尾绳轮十字轴穿入尾绳轮，十字轴的传动销插入尾绳轮的销孔中。

（2）锁紧十字轴的锁紧螺帽，使十字轴与尾绳轮成为整体，即尾绳架。

（3）将尾绳架的十字轴两端置入尾车卷绕机构的装配卡槽内，并分别通过锁止压板和固定螺杆约束。

（4）操作尾绳架升降手柄，提升尾绳架至工作位置。

（5）将牵引绳端头与尾绳轮内圈连接，并将多余尾绳收回尾绳轮。

（6）将尾绳卷绕机构的旋转拨块置于工作位，操作牵引机尾绳架旋转开关和尾绳张力调节旋钮，使尾绳收紧至合适状态。

（7）摆线机构可实现手动控制。向外拉开手动控制手柄，转动该手柄调节摆线位置，完成后立即将手柄推入自动工作位。

4. 液压冷却系统操作

液压冷却系统操作有手动和自动控制两种方式。手动控制是利用控制手柄和压力调节阀，来控制冷却系统的开启、关闭和冷却强度的调整。自动控制是利用油温感应塞，自动控制冷却系统的开启、关闭和冷却强度。

5. 牵引力预设

预设牵引力是牵引机作业前一项重要的预操作，当牵引机的工作牵引力达到预设的牵引力时，牵引机会自动停止运转。

牵引机牵引力保护装置有两种，即拉力限制装置和牵引力程控装置。拉力限制装置的工作原理是：当牵引力达到预设拉力时，该装置使发动机熄火，常闭式制动器自动介入，进行制动，牵引轮停止转动。牵引力程控装置的工作原理是：当牵引力达到程控预设牵引力时，液压马达的驱动力与牵引力保持平衡，牵引卷筒停止运转，此时发动机保持运转状态。预设前应先将将主马达（牵引轮）制动，方可进行牵引力预设。牵引机牵引力程控装置设置的牵引力应略小于拉力限制装置的设置值，以免发动机熄火，损伤制动器。

牵引机预设牵引力操作步骤如下（具体以设备说明书为准）：

（1）牵引机拉力限制装置预设（发动机不需起动）。用专用钥匙转动牵引力表中红色指针至预设的牵引力位置（工作时，当牵引力表中黑色指针碰到红色指针后，发动机会熄火，牵引卷筒制动）。

（2）牵引力程控装置预设。

1）起动发动机，转速调至牵引工况要求（中速，即发动机额定转速的 50%）。

2）牵引力预置开关拨至“开”位。

3）稍向下扳动卷筒操控手柄至工作位。

4）旋转牵引力调整电位计旋钮，牵引力表上黑色指针指示至程控预设牵引力（在牵引机工作的过程中，不要触动牵引力调整电位计。如果在设备工作时旋转电位计，就会使程控装置设置的牵引力失效）。

5）卷筒操控手柄扳回中位。

6）牵引力预置开关拨至“关”位。

【思考与练习】

1. 牵引机在作业前的操作有哪些？
2. 预设牵引机的操作步骤是什么？
3. 试说明牵引机支腿操作和液压冷却系统操作的注意事项。

模块 2　牵引机作业操作（Z48E4002 Ⅰ）

【模块描述】本模块介绍牵引机作业操作的方法和要求。通过对牵引机作业操作过程的讲解，使操作人员掌握牵引机牵引作业、送线作业、换盘作业的操作程序和注意事项，了解牵引机的停机操作。

【模块内容】

牵引机作业操作是指在张力放线中，牵引机卷筒卷绕牵引绳的过程，包括牵引、送线、换盘等操作。

一、牵引卷筒操控手柄使用须知

牵引机卷筒操控手柄在中位时，常闭式制动器处于制动状态。因此，在牵引卷筒操控手柄从工作位回到中位的过程中，即牵引卷筒从运转状态到停止状态的操作，动作应缓慢、平稳，以防止牵引卷筒惯性动作造成传动系统液压冲击、损伤制动器摩擦片。手柄回位操作注意事项示意图如图 7–2–1 所示。

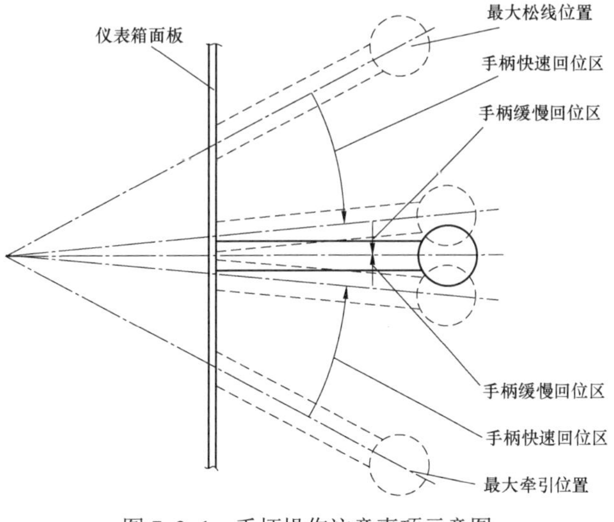

图 7–2–1　手柄操作注意事项示意图

二、牵引机作业操作

1. 牵引操作

牵引操作是张力导线展放时牵引机主动工况作业，也是牵引机最常用的操作。在牵引操作前，应确认牵引机作业前的各项操作已经完成。

牵引机牵引操作步骤如下（具体以设备说明书为准）：

（1）确认卷车“自动/手动”选择开关在“自动”位，牵引力预置开关在“关”位。

（2）操控油门，使发动机运行在额定转速。

（3）旋转尾架压力调整阀，调整尾绳张紧程度，张力大小以缠绕在牵引卷筒上的钢丝绳不打滑为宜。

（4）向下扳动卷筒操控手柄，实施牵引作业（通过牵引力表可观察牵引力大小）。

（5）卷筒操控手柄至中位，卷筒停止转动。

2. 送线操作

送线是牵引机将牵引绳向杆塔方向送出，也称吐线、松线。送线工况与牵引工况的牵引卷筒运转方向相反。牵引机的送线操作和牵引操作的不同之处，就是卷筒操控手柄的扳动方向不同。

牵引机送线操作步骤如下（具体以设备说明书为准）：

（1）确认卷车“自动/手动”选择开关在“自动”位，牵引力预置开关在“关”位。

（2）操控油门，使发动机运行在额定转速。

（3）旋转尾架压力调整阀，调整尾绳张紧程度，张力大小以缠绕在牵引卷筒上的钢丝绳不打滑为宜。

（4）向上扳动卷筒操控手柄，实施吐线作业。

（5）卷筒操控手柄至中位，卷筒停止转动。

送线时要严格按照使用规程操作，切勿因送线过快而生危险。有的牵引机不允许直接扳动手柄送线，而是先逐步降低预调牵引力的溢流阀压力，缓慢送线，待张力平衡后，再扳动变量手柄，主动送线。

3. 换盘操作

尾绳轮盘绕的牵引绳满盘，抗弯连接器通过牵引机卷筒后，需要进行更换牵引绳盘的操作。在进行尾绳轮换盘操作前，应检查导向辊轮和卷车之间是否安装了卡线器或其他安全装置。如果没有，应在尾绳卷车停止转动，牵引绳的抗弯连接器拆解前，采取必要的措施对牵引卷筒尾线端牵引绳进行张力临锚，防止牵引卷筒上的绳索打滑。

牵引机尾绳轮更换操作步骤如下（具体以设备说明书为准）：

（1）操作牵引机尾车控制开关，使尾绳轮停止转动。

（2）牵引机停机，操作卷筒卡绳器开关，使卡绳器夹紧牵引绳（无卡绳器的，应采取稳妥的留绳固定措施）。

（3）将尾车旋转拨块收至非工作位，操作尾架升降手柄，使尾绳架降至装/卸尾绳轮位置。

（4）卸下卷满牵引绳的尾绳轮，换装已装配好十字轴的尾绳轮，并安装卷轴两端的锁止压板和固定螺杆，以轴向约束尾绳轮。

（5）操作尾架升降手柄，提升尾绳轮架至工作位置。

（6）将牵引绳端头与尾绳轮内圈连接，并将多余尾绳收回尾绳轮。

（7）将旋转拨块置于工作位，操作牵引机尾绳轮旋转开关和尾绳张力调节旋钮，使尾绳收紧至合适状态。

（8）摆线机构可实现手动控制。向外拉开手动控制手柄，转动该手柄调节摆线位置，完成后立即将手柄推入自动工作位。

4. 停机操作

牵引机停机分正常停机和紧急停机两种。

（1）正常停机操作。

1）卷筒操控手柄至中位。

2）操控油门控制手柄，使发动机降至怠速状态，运行 3min 左右。

3）散热风扇压力调整阀和尾架压力调整阀左旋至最小。

4）逆时针转动起动钥匙至起始位，发动机熄火，停机，关闭电源开关。

（2）紧急停机操作。遇到紧急情况时，可通过按下紧急停机按钮，使发动机熄火，实现停机。紧急停机后，顺时针旋转紧急停机按钮，让紧急停机按钮复位，从而解除紧急停机。

这种停机方式对设备有较大损害，非不得已情况下不得使用。紧急停机按钮未复位，会造成发动机无法起动。

【思考与练习】

1. 牵引机操作手柄在牵引和送线的过程中应注意哪些操作事项？
2. 试简述牵引机尾绳轮安装的步骤。
3. 牵引机如何停机，应注意什么？

第八章

张力机操作

模块 1　张力机作业前操作（Z48E5001 Ⅰ）

【模块描述】本模块介绍张力机作业前操作。通过对张力机作业前操作程序的讲解，使操作人员掌握张力机预设张力操作、尾绳压力调整操作、并轮操作、支腿操作、强制冷却系统操作的方法和注意事项，了解张力机简介、张力机操作安全警告等内容。

【模块内容】

一、张力机简介

张力机是张力放线的被动机。它的主要结构参数有张力轮数量、张力轮槽底直径、张力轮适用导线最大直径、设备外形尺寸、自重等。它的主要性能参数有：张力工况下，张力轮独立操作最大持续张力、最大持续速度，张力轮并轮操作最大张力、最大持续速度；牵引工况下，张力轮独立操作最大持续牵引力、最大牵引速度；张力轮并轮操作最大持续牵引力、最大牵引速度。

张力机液压驱动系统通常采用变量泵和定量马达组成的闭式液压系统。张力轮可以正反方向旋转，并无级变速。张力机常用常闭式制动器，设有液压油冷却系统、尾绳张力动力输出口，支腿常采用液压支撑装置。有的张力机安装专用尾绳夹紧装置。

某型号张力机的控制面板如图 8–1–1 所示，对应的图示名称见表 8–1–1。

表 8–1–1　　图示张力机操作面板对应名称

序号	名　称	序号	名　称	序号	名　称
1	3 号滤芯警示灯	7	电瓶警示灯	13	补油压力表
2	2 号滤芯警示灯	8	支腿操作手柄	14	燃油量表
3	1 号滤芯警示灯	9	风扇压力调节旋钮	15	液压油温度表
4	5 号滤芯警示灯	10	发动机转速/时长	16	机油压力表
5	4 号滤芯警示灯	11	尾绳压力调节手柄	17	机油温度表
6	机油警示灯	12	冷却风扇压力表	18	1+2 并轮开关

续表

序号	名　称	序号	名　称	序号	名　称
19	2 号张力轮刹车开关	30	3 号轮展放公里数	41	紧急停机按钮
20	1 号张力轮刹车开关	31	3 号轮运转速度	42	熔丝
21	四轮全并选择开关	32	3 号轮张力表	43	尾绳马达压力调节阀
22	1 号轮张力调节电位计	33	4 号轮展放公里数	44	主泵控制手柄
23	2 号轮张力调节电位计	34	4 号轮运转速度	45	起动开关
24	1 号轮展放公里数	35	4 号轮张力表	46	油门控制手柄
25	1 号轮运转速度	36	4 号轮张力调节电位计	47	起动辅助按钮
26	1 号轮张力表	37	3 号轮张力调节电位计	48	2 号轮紧线开关
27	2 号轮展放公里数	38	4 号张力轮刹车开关	49	4 号轮紧线开关
28	2 号轮运转速度	39	3+4 并轮开关	50	3 号轮紧线开关
29	2 号轮张力表	40	3 号轮刹车开关	51	1 号轮紧线开关

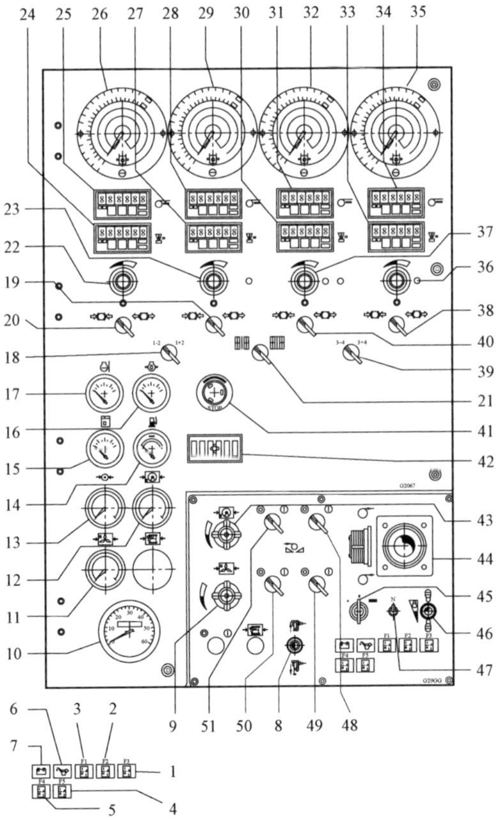

图 8-1-1　某型号张力机操作面板

二、张力机操作安全须知

（1）操作张力机前，操作手应掌握设备的性能特点，经过专业的技术培训后持证上岗。

（2）张力机操作手应充分了解所放区段的理论最大牵引力值、塔形、放线长度、跨越物等情况，做到心中有数。

（3）在遇有山坡等特殊地形时，张力机不能简单地顺势放置，必须修整地面，利用垫道木、设备支腿等方法，将张力整体调整至水平位置，这样既保证了张力机的正常受力，也保证了各油箱油位的正确显示。

（4）若张力场地锚坑为石坑，需进行爆破挖掘时，必须先测量分坑，爆破，待挖好后，再进设备，以防设备受损。

（5）张力机的前犁在支撑时要注意，如果土质松软时，要在前犁下面铺垫道木等充分压实，以加强设备的稳定性。

（6）工作前应明确现场指挥与操作人员联络指令的装置是否工作正常，现场指挥严格按统一规定的信号，给操作手发出正确清晰的指令。

（7）使用张力机前，应确认设备的布置、锚固符合工作和安全要求，接地装置（接地桩和接地线）和绝缘用品（绝缘垫、绝缘胶鞋等）使用合理、完整，对机械系统进行全面检查并作空载运转试验。

（8）张力机工作前，应确认张力轮并轮连接状态符合作业工况要求（并轮状态下，连接销连接可靠，并轮选择开关在并轮位；非并轮状态下，连接销应分离彻底，并轮选择开关在非并轮位）；确认各开关和手柄在初始位。

（9）张力机工作时，应注意观察、确认各仪表和指示灯在正常状态；液压油温度控制在正常范围；补油压力正常。否则，应立即停机检查。

（10）发动机冷起动，液压油预热后，开始张力控制在最大值的30%以下，至少运行15min。

（11）张力机工作时，应保证作业现场指挥信号通畅、正确。

（12）张力机工作时，严禁操作手离开工作岗位。

（13）张力放线时，相对于牵引机，张力机应“先开后停”。

（14）张力机刹车开关在刹车位置时，严禁牵引机进行牵引作业。

（15）张力机工作时，手柄操作和压力调整应平稳，切忌过猛、过快。禁止大幅度地调整张力（减张力或加张力）。

（16）张力机工作时，不得随意扳动操作手柄。

（17）一般情况下，停车前均应降低张力轮转速，但紧急停车除外。

（18）在非紧急状态下，应采取降速停车，尽量不用紧急停车按钮。

（19）张力放线时，必须在张力轮停止转动之后，再进行改变张力轮转动方向的操作。

（20）当网套式连接器过张力轮时，要慢速放线，避免导线跳槽。

（21）在任何情况下，张力机都不允许长时间无负载高速运转，这样将使整个传动系统受到损害。

（22）张力机工作时，禁止进行修理作业；保养和修理作业，必须在停机熄火、并采取可靠措施的情况下进行。

（23）张力机运行时，排气管和消声器温度高，请勿靠近，并注意防火。

三、张力机作业前操作

1. 发动机起动

张力机的起动是柴油发动机的起动，其操作和一般柴油机的操作方式相同。需要注意的是，在起动张力机前，需要检查确认各液压控制手柄和控制阀的位置在起始位或卸荷位，避免发动机负载起动。张力机起动操作的每个步骤都必须按要求顺序完成，若不能顺利起动，应查明原因，排除故障。发动机起动后，应检查液压系统的补油压力是否符合设备系统要求值。

张力机的起动操作步骤如下（具体以设备说明书为准）：

（1）检查确认各开关和手柄在初始位置。

1）发动机油门控制手柄置于起始位置。

2）张力轮操控手柄置于中位。

3）散热回路压力调节阀、尾车压力调节阀均减至最小。

4）并轮选择开关置于非并轮位，刹车开关置于刹车位，紧线开关置于关位。

（2）按下起动报警开关，转动起动钥匙，预热完成后，起动发动机并调整为怠速状态。

（3）气温低时，冷起动后，稍微调高尾车压力，加热液压油至15℃以上。

（4）检查机油压力、充电、液压油滤清器、燃油量、水温、油温、补油压力、散热系统压力，确认正常。

2. 支腿操作

一般张力机有前后支腿，前支腿为锚犁式支腿，采用液压油缸形式，后支腿为机械或液压式。通过前后支腿的调整，使张力机平稳就位。支腿操作以张力机轮胎离开地面不受力、整机就位平稳牢靠为宜。

张力机支腿操作步骤如下（具体以设备说明书为准）：

（1）张力机按作业要求规定就位和调整方向。

（2）起动发动机，并稍稍调大发动机转速。

（3）修整两个后支腿基础并设置操垫物，伸出后支腿，并用固定销将伸出高度固定，支撑脚与操垫物间应留合适空隙，以满足前锚犁支腿顶升需要。但此空隙不应过大，防止前锚犁支腿顶升过程中张力机重心后倾造成冲击。

（4）操作张力机前锚犁支腿控制阀，开始顶升，张力机被抬至大致接近工作需要的高度；同时，后支腿落在操垫物上。

3. 并轮操作

张力机并轮作业是相对于独立张力轮作业来讲的，是否采用并轮作业根据张力机展放导线作业工况确定。若采用并轮作业，则应在张力机作业前完成并轮选择操作。

并轮操作包括机械并轮和液压并轮操作两个部分。机械并轮通过并轮连接销完成。液压并轮通过控制面板上的并轮开关进行控制。并轮连接的两个张力轮的预设张力值应保持一致，以减小并轮连接销的剪切力。

非并轮时，张力轮并轮连接销应完全脱开，并轮选择开关位于非并轮位。并轮时，并轮销应安装稳妥，连接可靠。

并轮连接销安装方法：打开张力轮并轮销安装观测口，使 2 号张力轮静止，缓慢转动 1 号张力轮，两轮连接销孔对准后，稳妥安装连接销。

4. 预设张力操作

张力机预设张力是在张力机工作前，将张力轮制动，为张力机液压系统提供一个紧线的模拟工况，通过调整紧线牵引力，来实现张力机张力预设。

预设张力前，应确认张力轮处于制动状态。预设时，预设值应大于导线上的实际张力，以免张力机制动打开后，张力轮因预设张力小于导线张力而发生跑线现象。

张力机预设张力操作步骤如下（具体以设备说明书为准）：

（1）操作油门，使发动机转速控制在额定转速的 50%左右。

（2）使张力轮刹车选择开关均在刹车位。

（3）使预设张力的张力轮紧线开关在“通”位，其余为“关”位。

（4）向下扳动张力轮操控手柄。

（5）调整预设张力电位计，使张力达预设值。

（6）张力轮操控手柄回中位。

（7）使完成预设张力的张力轮紧线开关回到“关”位。

（8）同理设置其他张力轮的预设值。

预设张力操作按张力轮顺序逐轮进行，各轮张力预设操作方法相同。在并轮情况下，相并两轮的紧线开关需同步“关”或“通”。

5. 尾绳张力调整操作

张力机尾车马达为导线盘提供尾绳张力。尾车马达通过两条液压油管和张力机的动力输出口相连接，并由张力机控制。液压油管和张力机动力输出口连接时，应清洁接头，防止污染物进入液压系统。

尾绳张力的调节，应严格按照设备操作说明书的要求。尾绳张力过小，会造成张力轮上面的导线打滑磨损；尾绳张力过大，会对导线和进线机构的导向轮造成损害，同时不利于尾车马达的正常工作。因此，张力机尾绳张力应调整合适，以人力能向下拉动尾绳、放松后能自动弹回为宜。

张力机尾绳张力调整操作如下（具体以设备说明书为准）：

（1）在导线架上正确安装液压马达。

（2）用油管连接液压马达和张力机动力口。

（3）打开张力机动力口阀。马达与张力机动力口的连接油管未安装时，此阀应关闭。

（4）张力机尾车压力调整为 5MPa 左右，尾绳张力以尾车和张力机之间的导线不松坠为宜（张力状态，2～7MPa；牵引状态，5～12MPa）。

6. 液压油冷却系统操作

液压冷却系统操作有手动和自动控制两种方式。手动控制是利用控制手柄和压力调节阀，来控制冷却系统的开启、关闭和冷却强度的调整。自动控制是利用油温感应塞，自动控制冷却系统的开启、关闭和冷却强度。

【思考与练习】

1. 张力机作业前的操作有哪些？
2. 预设张力的操作步骤是什么？
3. 试说明张力机尾绳压力调整的操作步骤。

模块 2 张力机作业操作（Z48E5002Ⅰ）

【模块描述】本模块介绍张力机作业操作的方法和要求。通过对张力机作业操作过程的讲解，使操作人员掌握张力机在导线展放作业、导线紧线作业、导线送线作业、导线换盘作业时的操作程序和注意事项，了解张力机的停机操作。

【模块内容】

张力机作业操作是指在张力放线中，张力轮展放或牵引导线的过程，包括导线展放、紧线、送线、换盘、停机等操作。

一、展放导线

张力机展放导线，是指在牵引机和张力机的配合下，使导线保持一定的张力，实现架空展放的过程。在张力机展放导线前，应确认张力机作业前的各项操作已经完成。

张力机展放导线操作如下：

（1）确认并轮状态符合工作要求。

（2）确认张力预设完毕。

（3）控制油门，使发动机转速为1500r/min。

（4）保持张力轮操控手柄在中位。

（5）解除张力轮刹车，开始导线展放。

（6）在张力放线过程中，通过微调各轮张力电位计来调节各张力轮的张力，以满足需要。

二、紧线操作

张力机紧线也称导线回牵，是张力机作为牵引机使用的一种工况。在张力放线施工中，这种工况使用时间较少，常为辅助施工操作（如导线压接之后的升空施工）。

张力机紧线工况下，如果所需牵引力较大或牵引速度较快，应注意将柴油机油门置于较大位置，以免柴油机出现扭矩不足的现象。此时，尾绳压力也应该同步稍微调高，避免导线在张力轮上打滑。

张力机紧线操作步骤如下（具体以设备说明书为准）：

（1）使张力机张力轮刹车开关均在刹车位。

（2）操纵油门，使发动机转速满足紧线作业工况需要（接近额定转速）。

（3）紧线轮的紧线开关在“通”位，其他轮的紧线开关在“关”位。

（4）调整紧线轮的张力电位计，使紧线张力大于导线现有张力。

（5）使紧线轮刹车开关回到非刹车位，其他轮刹车开关保持在刹车位。

（6）向下扳动张力轮操控手柄，实现紧线。

（7）张力轮操控手柄回中位，使紧线轮停止转动。

（8）使完成紧线工作的张力轮刹车选择开关处于刹车位。

三、送线操作

张力机送线操作是牵引机停机后，张力机继续进行导线送出的操作，也称松线操作。送线操作分被动送线和主动送线两种工况。被动工况是导线在有张力的情况下，可以通过调小张力轮的张力，实现送线作业。主动工况是导线张力或张力较小情况下，不能通过调小送线轮张力来实现被动送线作业，需通过张力机实施主动送线。在送线作业中，应优先选用被动送线操作。

在主动送线工况下，应在张力轮出线侧采用人力拉拽导线，避免导线在张力轮上窜动或跳槽；一般来讲，送线过程中应安排专人检查，如果出现导线跳槽应及时处理，避免导线损坏。

1. 张力机被动送线操作步骤（具体以设备说明书为准）

（1）使送线轮的预设张力值大于导线实际张力。

（2）使送线轮刹车开关回到非刹车位，其他轮刹车开关保持在刹车位。

（3）调整送线轮的张力电位计，使系统压力减到能实现送线操作的所需值，实现被动送线。

（4）送线轮停止转动后，使送线轮刹车开关回到刹车位。

2. 张力机主动送线操作步骤（具体以设备说明书为准）

（1）使送线张力轮的紧线开关在“通”位，其他张力轮紧线开关在“关”位。

（2）使送线轮的预设张力值大于导线实际张力。

（3）使送线轮刹车开关回到非刹车位，其他轮刹车开关保持在刹车位。

（4）向上扳动张力轮操控手柄。

（5）调整送线轮的张力电位计，使系统压力减到能实现送线操作的所需值，实现送线。

（6）张力轮操控手柄回中位，使送线轮停止转动。

（7）使完成送线工作的张力轮刹车选择开关处于刹车位。

四、导线换盘操作

线盘轴上尚剩 6 圈导线时，牵引机停止牵引，张力机制动。将张力轮尾线临时锚固，开始进行导线盘换盘的作业。

张力机导线换盘操作步骤如下（具体以设备说明书为准）：

（1）在张力轮停止转动的情况下，采取可靠留绳措施，防止张力轮上面的导线打滑。安装有张力轮尾绳夹紧油缸的张力机，可以直接操作夹紧油缸夹紧导线。

（2）调整尾车液压系统压力，将尾车压力减至最小。

（3）拆卸导线展放架上的尾车张力装置（液压马达或刹车盘）。

（4）吊装撤去导线展放架上面的空线盘，并拆卸取出导线支撑轴。

（5）将导线支撑轴与新线盘装配固定，并整体吊装、固定在导线展放架上。

（6）张力机尾线端头和准备展放的导线端头通过专用蛇皮套连接。

（7）安装尾车张力装置（液压马达或刹车盘）。

（8）缓缓增加尾车张力装置的压力，导线盘尾绳张紧后，解除尾绳临锚。

五、张力机停机

1. 正常停机操作

（1）张力展放导线过程中，在牵引机停止牵引的情况下，应首先通过调大张力轮的张力，使张力轮停止转动，然后将刹车选择开关处于刹车位，实现停机。

（2）紧线作业时，应首先通过张力调整电位计调小紧线轮张力，或操作张力轮操控手柄回中位，使紧线轮停止转动，然后将刹车选择开关处于刹车位，实现停机。

（3）送线作业时，应首先通过张力调整电位计调大送线轮张力，或操作张力轮操控手柄回中位，使送线轮停止转动，然后将刹车选择开关处于刹车位，实现停机。

2. 紧急停机操作

遇到紧急情况时，可通过按下紧急停机按钮，使发动机熄火，实现停机。紧急停机后，顺时针旋转紧急停机按钮，让紧急停机按钮复位，从而解除紧急停机。

这种停机方式对设备有较大损害，非不得已情况下不得使用。紧急停机按钮未复位，会造成发动机无法起动。

【思考与练习】

1. 张力机展放导线的操作步骤是什么？
2. 导线送线操作和导线展放的区别是什么？
3. 张力机紧线如何操作？

参 考 文 献

［1］蒋平海. 张力架线机械设备和应用［M］. 2 版. 北京：中国电力出版社，2004.

［2］张永清，孙有亮. 起重运输与吊装技术［M］. 北京：化学工业出版社，2016.

［3］国家电网公司. Q/GDW 11372.48—2015 国家电网公司技能人员岗位能力培训规范 第 48 部分：牵张机操作［S］. 北京：中国电力出版社，2015.

［4］国家电网公司. Q/GDW 13372.47—2015 国家电网公司技能人员岗位能力培训规范 第 47 部分：起重设备操作［S］. 北京：中国电力出版社，2015.

［5］国家能源局. 输电线路张力架线用牵引机通用技术条件 DL/T 372—2010［S］. 北京：中国电力出版社，2010.